Adnane MOUTAOUAKKIL
Mohammed EL MZIBRI
Abdelghani IDDAR

Radioimunoensaio para produção animal

Adnane MOUTAOUAKKIL
Mohammed EL MZIBRI
Abdelghani IDDAR

Radioimunoensaio para produção animal

Exemplo de medição da progesterona em cabras marroquinas

ScienciaScripts

Cover image: www.ingimage.com

This book is a translation from the original published under ISBN 978-3-8416-3634-8.

Publisher:
Sciencia Scripts
is a trademark of
Dodo Books Indian Ocean Ltd. and OmniScriptum S.R.L publishing group

120 High Road, East Finchley, London, N2 9ED, United Kingdom
Str. Armeneasca 28/1, office 1, Chisinau MD-2012, Republic of Moldova, Europe
Printed at: see last page
ISBN: 978-620-7-73591-4

Índice

INTRODUÇÃO

Em Marrocos, a criação de pequenos ruminantes (ovinos e caprinos) representa uma grande parte do PIB agrícola. Esta atividade, que desempenha um papel socioeconómico importante, envolve mais de 65% da população rural (MADRPM, 2004). O efetivo pecuário, 95% do qual é constituído por raças locais, está estimado em 22,61 milhões de cabeças, das quais 5,35 milhões de cabras (MADRPM, 2004). Grandes zonas pastoris e silvo-pastoris contribuem para a alimentação deste gado, nomeadamente nas zonas montanhosas do norte do país.

A criação de cabras é particularmente frequente em pequenas explorações agrícolas em zonas remotas e/ou isoladas (Benlakhal, 2004). Assim, 83% dos caprinos são criados em explorações com menos de 5 ha e 90% estão situados em zonas montanhosas, pré-saarianas e saarianas (Benlakhal, 2004). Nestas zonas, a cabra é a única espécie capaz de aproveitar ao máximo os terrenos acidentados, constituindo a fonte mais importante de proteínas animais (leite e carne) para as populações rurais.

No norte de Marrocos, a caprinicultura tem uma importância socioeconómica particular e desempenha um papel vital para as populações rurais locais. Estimada em 733 000 cabeças, ou seja, 45% do efetivo de ruminantes da região e 15% do efetivo caprino nacional (Chentouf *et al.*, 2004), a caprinicultura contribui com cerca de 60% do rendimento dos agricultores desta região (Fares e Ghalim, 1982; Jout e Karimi, 2004).

Atualmente, a média nacional de produtividade da caprinicultura é estimada em 38 litros de leite e 12 kg de carne por cabeça de gado por ano (MAPM, 2008). Esta produtividade permanece relativamente baixa em relação aos meios técnicos que podem ser utilizados para a melhorar. É por isso que, no seu plano agrícola regional para o desenvolvimento do Norte de Marrocos, o Ministério marroquino prevê a implementação de um programa ambicioso destinado a melhorar a produção de leite por cabra por ano dos actuais 120 litros para 300 litros até 2030. Para atingir este objetivo ambicioso, é essencial melhorar os métodos de criação.

A este respeito, a necessidade de um melhor controlo da reprodução para aumentar a rentabilidade dos efectivos levou os criadores e os investigadores a examinar mais de perto os diferentes métodos biotecnológicos que podem ser utilizados para este fim (El Amiri *et al.*, 2003). O controlo do estado fisiológico dos animais domésticos surgiu assim como um elemento chave para melhorar o desempenho e/ou o maneio reprodutivo. Na maioria das espécies, a expressão deste estado depende em grande parte de factores internos, como os níveis de hormonas esteróides (Thimonier, 2000). Neste contexto, a análise dos níveis periféricos de progesterona (uma hormona esteroide que desempenha um papel essencial na manutenção da gestação) é um instrumento eficaz para avaliar o estado fisiológico das fêmeas de um efetivo (Thimonier, 2000).

Os níveis de progesterona no plasma periférico ou no soro são muito diferentes consoante o estado fisiológico das fêmeas numa exploração (Lemon e Thimonier, 1973). Durante o período de anestro anovulatório, os níveis são geralmente inferiores a 0,5 ng/ml. Nas fêmeas ovulatórias, os níveis de progesterona alternam entre níveis baixos durante o período peri-ovulatório e níveis elevados durante a maior parte da fase lútea. Nas fêmeas gestantes, os níveis de progesterona permanecem elevados durante toda a gestação, seguindo um padrão semelhante ao observado durante a parte inicial do ciclo, independentemente do facto de a produção subsequente ser apenas ovariana ou ovariana e placentária (Sousa *et al.*, 2004).

Além disso, após comparação dos diferentes métodos de diagnóstico de gestação, verificou-se que o ensaio de progesterona continua a ser o método preferido desde uma fase precoce (El Amiri *et al.*, 2003). [ème]Aplicável a partir de 21 dias após a fertilização em cabras, este teste oferece valores de exatidão de diagnóstico de gravidez até 90%, enquanto os valores de diagnóstico de não gravidez se aproximam dos 100% (Thimonier, 2000).

Os níveis de progesterona revelaram-se assim um excelente indicador do acasalamento, da gestação, do parto e, no caso da inseminação artificial, da previsão de eventuais falhas de implantação (Thimonier, 2000). A sua aplicação beneficiou muito nos últimos anos das repercussões extremamente importantes da descoberta do sistema imunitário e das suas aplicações, nomeadamente no domínio do diagnóstico. Com efeito, a interação "antigénio - anticorpo", base da especificidade imunológica, é atualmente utilizada não só como modelo para o estudo das interacções moleculares, mas também, e sobretudo, como instrumento de deteção e de quantificação, nomeadamente no âmbito dos ensaios imunológicos (Neuburger, 2006).

Em termos práticos, o desenvolvimento de um sistema de imunoensaio para a progesterona apresenta dificuldades relacionadas com as características físico-químicas desta hormona. No entanto, com a ajuda de certas técnicas de acoplamento químico e de marcação, foram propostas várias soluções para ultrapassar este problema (Kothari e Pillai, 1998; Basu *et al.*, 2006; Simersky *et al.*, 2007). Estas soluções devem facilitar consideravelmente o desenvolvimento de kits de imunoensaio de progesterona (RIA e ELISA) altamente sensíveis e específicos.

É este o contexto do nosso estudo, que se inscreve no programa de desenvolvimento da criação de caprinos no norte de Marrocos. O seu objetivo geral a longo prazo é contribuir para melhorar o rendimento dos criadores de caprinos, promovendo esta atividade económica rentável e sustentável. O estudo incide nomeadamente no desenvolvimento de novas técnicas biotecnológicas para melhorar a produtividade dos efectivos.

Especificamente, o objetivo do nosso estudo é desenvolver um kit local para o radioimunoensaio da progesterona para utilização na gestão da reprodução caprina. Para desenvolver esse ensaio, seguimos os principais passos abaixo:

- Produção e purificação de anticorpos policlonais anti-progesterona.
- Preparação e validação de uma gama de padrões de progesterona.
- Preparação de marcadores radioactivos de progesterona.
- Montagem do dispositivo para o radioimunoensaio da progesterona.

ESTUDO BIBLIOGRAFICO

I - INFORMAÇÕES GERAIS SOBRE A CRIAÇÃO DE CAPRINOS

As cabras são uma das espécies domesticadas mais antigas (7000 a.C.), o que significa, entre outras coisas, que o homem controla a sua reprodução há muito tempo. Encontram-se em quase todo o mundo e são um recurso importante em muitos países. No entanto, os dados sobre o seu comportamento sexual são muito mais limitados do que os relativos aos bovinos ou ovinos (Fabre-Nys, 2000).

Uma das razões para esta relativa escassez de informação é o facto de estes animais serem independentes e familiares, capazes de se adaptarem a uma variedade de condições ambientais e não terem colocado grandes problemas aos criadores (Gordon, 1997). Deve provavelmente acrescentar-se que a sua criação não foi intensificada na mesma medida que a dos bovinos ou ovinos, o que implicou um menor investimento científico para aumentar a produção. No entanto, o desempenho e a gestão das explorações de caprinos podem ser melhorados, nomeadamente através da redução da variabilidade da fertilidade (40 a 85% após inseminação artificial) ou do controlo do período de reprodução.

O comportamento sexual é de interesse óbvio deste ponto de vista. O desempenho de uma exploração depende da reprodução, que, por sua vez, depende da vontade e da capacidade dos animais de se envolverem em comportamentos sexuais e de fertilizarem no momento certo. Isto é verdade mesmo quando a reprodução envolve inseminação artificial, fertilização *in vitro* ou transferência de embriões. Para melhor controlar a expressão deste comportamento, é necessário conhecer os vários factores susceptíveis de o influenciar.

1. Fisiologia da reprodução dos caprinos

É a partir da puberdade que um animal, macho ou fêmea, está apto a reproduzir-se. A idade em que um animal atinge a puberdade varia em função de vários factores (raça, época e método de nascimento, crescimento, etc.). Nos caprinos, é geralmente aceite como idade de início da atividade sexual a idade de 5-6 meses para o macho jovem e de 6-7 meses para a fêmea (Brice, 2003).

A partir da puberdade, os órgãos reprodutores tornam-se funcionais, com uma atividade periódica e sazonal. A atividade sexual manifesta-se pelo cio ou estro, exteriorizado por um comportamento particular. A cabra fica nervosa, torna-se anormalmente agitada, monta e aceita ser montada por outras fêmeas. Ela balbucia, abana frequentemente a cauda e perde o apetite.

O cio dura em média 36 horas (variando de 24 a 48 horas). Se não houver fecundação, e se a fêmea estiver no período sexual no outono (ou na primavera, após um condicionamento ligeiro), entrará em cio em média 21 dias mais tarde (duração média do ciclo sexual da cabra). No entanto, é de salientar que, no início da estação sexual e após o efeito do macho, podem ser observados ciclos curtos de 5-6 dias, que geralmente não são muito férteis.

Esta atividade sexual é controlada por várias glândulas (hipotálamo, hipófise, epífise) que, através das hormonas que segregam, actuam umas sobre as outras (por interação) e sobre órgãos como o ovário, o útero e o úbere (Figura 1).

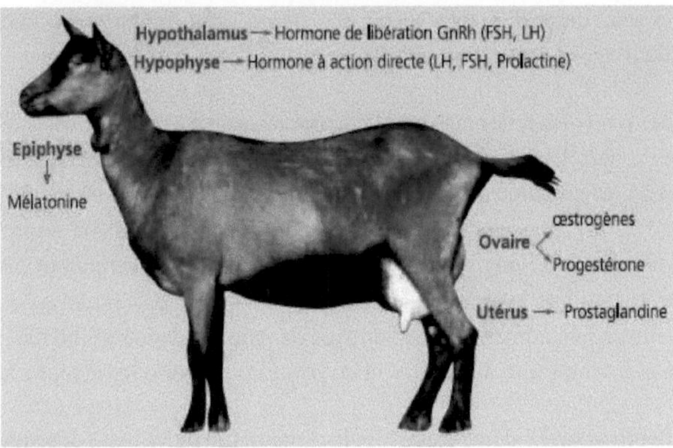

Figura 1: ***Secreção de hormonas reprodutivas nas cabras (Brice, 2003)***

Numerosos factores externos (clima, fotoperiodismo, estação do ano, alimentação, presença ou ausência de parceiros, etc.) influenciam igualmente o funcionamento destas diferentes glândulas. Estes equilíbrios hormonais e estas interacções com o meio externo também se verificam nos machos.

2. Sazonalidade da reprodução das cabras

Tal como acontece com os ovinos, a reprodução dos caprinos tem as suas particularidades devido à atividade sexual sazonal. A época de reprodução, controlada pelo fotoperíodo, começa geralmente durante o período dos dias minguantes. Assim, a maior parte das raças de caprinos criadas em zonas temperadas e subtropicais apresentam um período de atividade sexual durante o outono e o inverno (figura 2) e um período de repouso sexual durante a primavera e o verão (Valencia *et al.*, 1990).

As cabras entram naturalmente no cio de agosto a dezembro (Figura 2). As parições têm lugar de janeiro a abril, mas a maior parte das cabras entra em cio em janeiro e fevereiro. No entanto, em alguns meses podem ocorrer cios sem ovulação (sobretudo no início do reinício da atividade sexual) e ovulações sem comportamento de cio (conhecidas como ovulações silenciosas), sobretudo no final da época sexual. Este fenómeno verifica-se em quase todas as espécies de ruminantes domésticos.

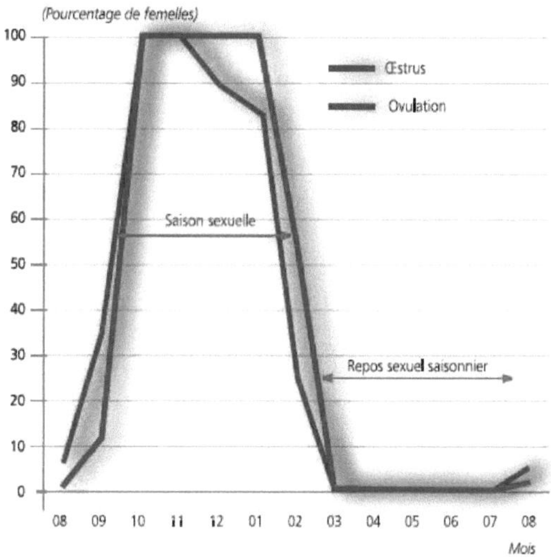

Figura 2: ***Variações sazonais da percentagem de cabras que apresentam pelo menos um comportamento de estro ou ovulação por mês (Chemineau et al., 1992).***

Após um período mais ou menos longo de repouso sexual, uma parte muito pequena da população feminina entra em cio pela primeira vez em junho. É frequentemente fértil, mas, na ausência de acasalamento, pode ser o primeiro de uma sucessão de cios que surgem a intervalos regulares (21 dias) ou pode ser seguido de um novo período de cio. A ciclicidade só se torna efectiva em setembro, parando de novo em meados de dezembro.

Nos bodes, há também variações sazonais na atividade sexual, que atinge o seu pico no outono (Brice, 2003). A produção de esperma é mais elevada de setembro a fevereiro, com um aumento do tamanho dos testículos de outubro a novembro.

3. Endocrinologia e controlo da reprodução nos caprinos

Na maior parte dos casos, o comportamento de estro ocorre em cabras com ovários activos e está temporalmente ligado à capacidade de fecundação das fêmeas (figura 2). É portanto lógico supor que os mesmos sinais que desencadeiam o estro estão também envolvidos na ovulação (Fabre-Nys, 2000).

Tanto nas cabras como nas ovelhas, o estro durante a estação sexual é precedido por uma longa fase lútea durante a qual os níveis de progesterona são elevados (4 a 12 ng/ml consoante o autor) Gonzalez *et al.*, 1992; Sawada *et al.*, 1995; Freitas *et al.*, 1997). Depois, quando os níveis de progesterona baixam após a luteólise, os níveis de estradiol e de androgénios aumentam (Chemineau *et al.*, 1982; Homeida e Cooke, 1984; Mori e

Kano, 1984). A estes aumentos seguem-se, dois dias mais tarde, o início do comportamento de estro e o pico pré-ovulatório da hormona luteinizante LH (figura 3).

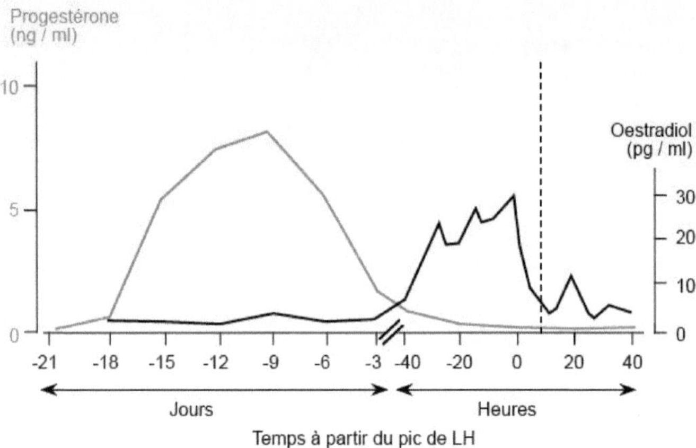

Figura 3: ***Alterações endócrinas durante o ciclo éstrico em cabras (Okada et al., 1996)***

Os níveis de estradiol permanecem elevados durante a primeira metade do estro, caindo depois acentuadamente após o pico de LH. Ao contrário da ovelha, o comportamento do estro na cabra também aparece no início da estação, ou seja, sem uma fase lútea prévia, ou após ciclos curtos, ou seja, após pouca ou nenhuma secreção de progesterona. A evolução temporal destas diferentes alterações sugere um efeito estimulante dos estrogénios, e possivelmente dos androgénios, e um efeito modulador da progesterona.

De facto, a imunização ativa contra a estrona bloqueia o efeito dos estrogénios, aumenta os níveis de progesterona e impede o início do comportamento de estro (Chandrasekhar e Madan, 1996). Ao contrário do que acontece com as ovelhas, é possível induzir todos os comportamentos de estro (proceptividade e recetividade) em cabras ovariectomizadas administrando apenas estradiol (Sutherland e Lindsay, 1991; Kaplan e Katz, 1994). A dose mínima para induzir o estro em 50% das fêmeas é de 15 µg de benzoato de estradiol. Neste caso, o estro aparece com uma latência de 25,5 h e dura 12 h.

Tal como nas ovelhas, o limiar de sensibilidade ao estradiol varia consoante a estação do ano. É mínimo durante a época sexual, ou seja, nos dias curtos (Kaplan e Katz, 1994). A latência para o início do estro diminui e a sua duração aumenta com o aumento das doses (Sutherland e Lindsay, 1991; Billings e Katz, 1998). No entanto, tal como nas ovelhas (Fabre-Nys *et al.*, 1993), a duração do cio parece depender essencialmente da duração da presença de estradiol (Okada *et al.*, 1998).

Nas ovelhas, a progesterona tem tanto um efeito facilitador, quando está presente antes da administração do estradiol, como um efeito inibidor, se estiver presente ao mesmo tempo que o estradiol. Estes dois efeitos parecem existir também nas cabras, mas o efeito facilitador da progesterona é menos claro. Sutherland e Lindsay (1991) mostraram que a administração de progesterona durante 6 dias antes do tratamento com estradiol não alterava a taxa de resposta como nas ovelhas, mas apenas antecipava o início do estro, qualquer que fosse a dose de estradiol. Para estes autores, o papel da progesterona é o de aumentar a sensibilidade ao estradiol. Além disso, Billings e Katz (1997) mostraram que o efeito facilitador da progesterona variava consoante os parâmetros comportamentais observados e a estação do ano. O efeito é particularmente marcado para a atração e a recetividade durante o período de anestro.

Em contrapartida, o efeito inibitório da progesterona é evidente nas cabras, tal como nas ovelhas e nos porcos. A administração de progesterona durante as 12 a 24 horas que precedem a administração de estradiol impede o efeito deste último (Billings e Katz, 1997). Este efeito inibitório afecta igualmente a secreção de LH e a ovulação. É utilizada em muitos tratamentos destinados a controlar e sincronizar o início do estro e da ovulação (Baril *et al.*, 1993; Gordon, 1997).

4. Controlo e diagnóstico da gravidez em caprinos

2αO início da gestação na cabra começa com a manutenção do corpo lúteo, que impede a regressão luteal induzida durante os ciclos pela prostaglandina F , libertada pelo endométrio. A gestação é então mantida por níveis sustentados de progesterona, cuja fonte é quase exclusivamente ovariana.

A gestação nas cabras varia de 146 a 155 dias, dependendo da raça e do indivíduo (Ruckebush *et al.*, 1991). É mais curta nas cabras mais pequenas. O período médio de gestação das cabras locais do norte de Marrocos é de 149 dias (Chentouf, 2007). Este período situa-se entre o da cabra anã paquistanesa (145 dias) e o da cabra Toggenburg (152 dias). A duração da gestação varia também em função do tamanho da ninhada. As cabras de ninhada múltipla têm períodos de gestação mais curtos do que as cabras de ninhada única (Sousa *et al.*, 1999).

O diagnóstico precoce da gravidez é também de grande importância económica na produção caprina. Permite detetar o mais cedo possível inseminações artificiais ou reproduções mal sucedidas, identificar casos de infertilidade e, se necessário, minimizar as perdas da exploração através de reformas adequadas. Por exemplo, pode ser utilizado para decidir se as fêmeas em lactação devem ser secas no momento certo e para assegurar que as fêmeas prenhes são alimentadas de forma adequada, a fim de otimizar o peso à nascença, melhorar a viabilidade das crias e evitar a toxemia da gravidez.

Os principais métodos utilizados para monitorizar a gestação em cabras podem ser divididos em duas categorias (Sousa *et al.*, 2004): Por um lado, os métodos clínicos, incluindo a radiografia, a palpitação abdominorrectal e a ultrassonografia. Por outro lado, os métodos laboratoriais, incluindo os ensaios hormonais (sulfato de estrona e progesterona) e os ensaios de proteínas associadas à gestação (PAG).

Entre estes métodos, a medição da progesterona reveste-se de particular importância, tanto no diagnóstico precoce da gestão como no seu acompanhamento e controlo. É um excelente instrumento para desenvolver inquéritos ou investigações sobre a mortalidade embrionária precoce ou tardia. Pode também ser utilizada para desenvolver um novo tratamento preventivo (sincronização, super-ovulação) ou para alargar esse tratamento a uma raça, ou mesmo a uma espécie cuja fisiologia pré-ovulatória seja mal conhecida (Horie *et al.*, 2007).

II - CRIAÇÃO DE CAPRINOS EM MARROCOS

1. Populações de caprinos em Marrocos

Em Marrocos, existem três populações de cabras (Chentouf, 2007):

- A cabra do Norte: Com a sua pelagem multicolorida, a cabra do Norte é o resultado do cruzamento entre as populações caprinas locais e as suas vizinhas andaluzas (Murciana e Granadina). Esta ascendência conferiu-lhe uma aptidão para a produção de leite, que se manifesta no tamanho do úbere e na finura da pele. Esta aptidão leiteira foi adquirida através de um processo de seleção que os criadores realizam nos seus efectivos, mantendo as melhores vacas leiteiras geração após geração. A produção anual de leite desta raça foi estimada por vários autores e varia de 59 a 96 litros para períodos de lactação que vão de 75 a 130 dias (Hassani, 1997).

- *A cabra preta*: De tamanho pequeno e frequentemente com uma pelagem preta, esta população de cabras encontra-se nas montanhas do Atlas, nos planaltos e nas planícies do leste e do centro, bem como no pré-Saara e no Saara. O potencial de produção de leite desta raça é estimado em 68 litros por 90 dias de lactação. O leite produzido é muito adequado para o fabrico de queijo, como o demonstra o teor de gordura de 68 g/l e o teor de proteínas de 63 g/l (El Fadil, 1994).

- *A cabra Drâa*: De tamanho médio, tem uma pele fina e flexível, com pelo curto. A cor da pelagem é variável (castanha, preta-parda, etc.). Este caprino deve o seu nome ao vale do Drâa, berço da raça, onde é maioritariamente criado. É criada em pequenos rebanhos, em estábulos permanentes, e beneficia dos subprodutos da agricultura dos oásis. Esta raça caracteriza-se pela ausência de uma época sexual. As fêmeas dão à luz durante todo o ano. O seu potencial leiteiro é superior à média nacional: 153 litros para um período de lactação de 150 dias (Hachi, 1990).

2. Produção de caprinos em Marrocos

Atualmente, existem 5,35 milhões de caprinos em Marrocos, contra cerca de 8 milhões em 1970 (MADRPM, 2004). Esta diminuição do número de caprinos deve-se, em parte, aos sucessivos períodos de seca que Marrocos conheceu durante a década de 1980, mas também à abundância da criação de cabras, considerada uma atividade subsidiária, em favor de outros tipos de agricultura mais lucrativos.

O sector da caprinicultura em Marrocos produz anualmente 20.000 toneladas de carne e 30 milhões de litros de leite, ou seja, apenas 4% da produção nacional de cada uma destas duas culturas (MADRPM, 2004). Esta situação é o resultado da ausência de uma política governamental integrada para o desenvolvimento da caprinicultura.

No entanto, este desinteresse dos poderes públicos pela caprinicultura é contraditório com o papel essencial que esta desempenha nas pequenas explorações agrícolas das zonas marginalizadas. De facto, 90% do efetivo caprino encontra-se em zonas montanhosas isoladas, sendo 40% no Alto Atlas, 25% no Rif, 20% no Médio Atlas e 5% no Anti-Atlas (Benlakhal, 2004). Nestas zonas, a criação de cabras desempenha um papel socioeconómico muito importante para as populações rurais locais. A intensificação e o desenvolvimento da caprinicultura constituem, portanto, de uma forma ou de outra, um meio de melhorar as condições de vida dos criadores de caprinos destas regiões.

Esta importância socioeconómica, associada à capacidade de produção de leite das cabras locais e ao saber-fazer da população rural local em matéria de produção e valorização do leite de cabra, levou os poderes públicos marroquinos a escolher a produção de leite como opção estratégica para o desenvolvimento da caprinicultura no Norte de Marrocos. O objetivo fixado para a caprinicultura é aumentar a produtividade da carne vermelha e do leite em 22%.

III - PROGESTERONA: O SEU PAPEL FISIOLÓGICO E A IMPORTÂNCIA DA SUA MEDIÇÃO

A progesterona é uma hormona esteroide sintetizada a partir da pregnenolona (um derivado do colesterol) principalmente pelo ovário e, em menor grau, pelas glândulas supra-renais, pela placenta e pelo testículo. É uma hormona progestacional cujo papel biológico consiste em favorecer a implantação e o desenvolvimento da gestação. Distribui-se pelo organismo da mesma forma que o estrogénio, mas os seus efeitos biológicos são muito mais limitados, nomeadamente em termos de metabolismo (Moulin e Coquerel, 2002).

Esta hormona foi isolada pela primeira vez em 1932, a partir dos ovários de porcas. No entanto, só foi sintetizada quimicamente em 1934, graças aos trabalhos de Butenandt (Simmer, 1975). A sua estrutura química revela um esteroide com 21 átomos de carbono e um peso molecular de 314,46 Da (figura 4).

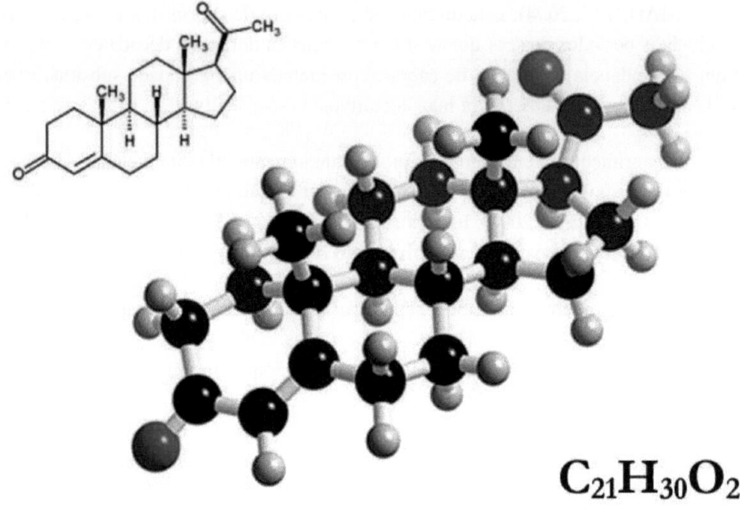

Figura 4: *Estrutura química da progesterona (4-pregneno-3,20-diona)*

1. Biossíntese da progesterona

O precursor comum de todos os esteróides é o colesterol, que é primeiro convertido em pregnenolona na mitocôndria por uma desmolase e depois em progesterona por uma desidrogenase e uma isomerase (Figura 5).

A progesterona é ela própria um intermediário metabólico que pode levar à síntese de glucocorticosteróides (cortisol e corticosterona) na zona fasciculada das glândulas do córtex suprarrenal, à síntese de mineralocorticosteróides (aldosterona e desoxicorticosterona) na zona glomerulada destas glândulas e, finalmente, à síntese de androgénios (androstenediona e testosterona) na zona reticulada.

Os estrogénios (estrona, estradiol) são obtidos a partir dos androgénios em numerosos órgãos.

Por outro lado, a progesterona é principalmente catabolizada no fígado, onde, sob a influência de várias enzimas, é sucessivamente convertida em pregnanodiona, pregnanolona e, finalmente, pregnanodiol.

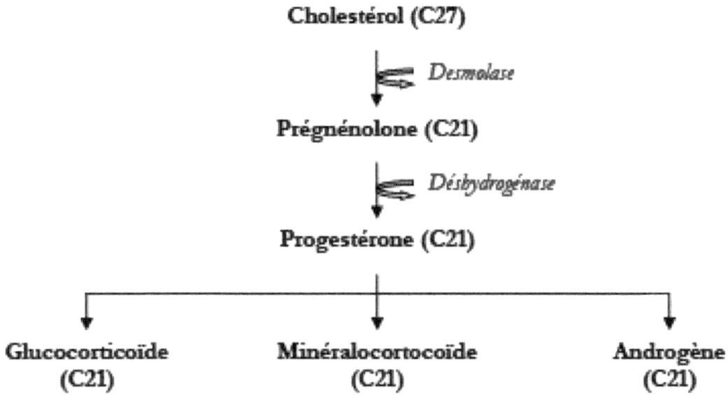

Figura 5: *Esquema simplificado da biossíntese das hormonas esteróides (Argemi, 1998)*

2. Transporte de progesterona

No plasma, a progesterona está em grande parte ligada a proteínas de transporte de elevada afinidade mas de baixa especificidade. Nos mamíferos, por exemplo, a progesterona e os glucocorticosteróides estão ligados a 90% à CBG (*globulina de ligação ao cortisol*, Mickelson *et al.*, 1981), enquanto a SBP (*proteína plasmática de ligação aos esteróides sexuais*) se liga à testosterona e ao estradiol (Mercier-Bodard *et al.*, 1970). A fração livre, em equilíbrio constante com a fração ligada, é a única responsável pela atividade. O papel exato destas proteínas está ainda por esclarecer. Poderiam atuar como reservatório em caso de queda brusca da concentração circulante de esteróides ou facilitar a transferência da hormona da célula produtora para a circulação.

Nos tecidos, a progesterona (uma molécula lipofílica) liga-se às gorduras, das quais pode ser progressivamente libertada. A sua meia-vida no organismo é estimada em cerca de 30 minutos.

3. Modo de ação da progesterona

A progesterona afecta muitos processos celulares. Como todas as hormonas lipofílicas, difunde-se facilmente através das membranas das células-alvo. Uma vez no interior da célula, liga-se muito especificamente e com elevada afinidade (10 a 0,1 nmol) a uma proteína presente no núcleo em quantidades muito reduzidas: o seu recetor. A ligação da progesterona induz uma alteração conformacional do recetor e estabiliza uma forma activada deste recetor. O recetor tem então uma forte afinidade por um sítio específico da cromatina: o aceitador. É a ligação do complexo recetor-progesterona ao aceitador que desencadeia a expressão de um gene e conduz à síntese da proteína correspondente (Baulieu, 1992).

4. Papel fisiológico da progesterona

Como vimos, a progesterona actua aumentando a biossíntese de várias proteínas. Os efeitos resultantes podem ser classificados da seguinte forma:

4.1- Efeitos centrais

a- Regulação da secreção hipofisária

O hipotálamo, através da secreção de LH-RH (*Luteinising Hormone - Releasing Hormone*), controla a libertação episódica de hormonas gonadotrópicas (LH e FSH) na circulação geral. No entanto, a LH não é segregada continuamente pela hipófise, mas sob a forma de impulsos, definidos pela sua frequência e amplitude, que estimulam a libertação de progesterona pelo ovário nas fêmeas (Olivereau, 1970).

No entanto, a progesterona desempenha um papel regulador na secreção de gonadotropinas, através da LH-RH hipotalâmica. Inibe a secreção das gonadotrofinas hipofisárias, ou melhor, reduz a frequência dos seus picos de secreção e aumenta as suas amplitudes. Esta ação envolve os centros hipotalâmicos de regulação térmica da zona pré-ótica.

Na mulher, durante o ciclo imediatamente antes da ovulação, a LH é libertada em massa na corrente sanguínea para formar o pico pré-ovulatório. Este pico é causado pelo feedback positivo dos estrogénios ovarianos. A alternância de feedback negativo e positivo das gónadas para o eixo hipotálamo-hipófise é um fenómeno essencial no controlo da atividade gonadotrópica.

b- Ação androgénica e anti-androgénica

A progesterona tem uma atividade androgénica e anti-androgénica muito fraca, que pode ser demonstrada em doses muito elevadas. Quando administrada em doses elevadas a ratos machos castrados, pode aumentar o peso da próstata (ação androgénica), mas quando administrada ao mesmo tempo que a testosterona, reduz o efeito desta última.

c- Ação anti-estrogénica

A progesterona actua induzindo a estrogénio sulfotransferase e a 17 α-hidroxi desidrogenase, o que acelera o catabolismo do estradiol em estrona.

4.2- Efeitos periféricos

Existe um pré-requisito crucial para a ação principal da progesterona ao nível dos receptores nucleares: a existência de estrogénios, ao passo que o inverso não é verdadeiro. É esta a sequência fisiológica durante o ciclo menstrual.

De facto, a progesterona, por si só, não tem qualquer influência precisa sobre o tecido alvo em repouso. Só actua nos tecidos já sob influência estrogénica; só os estrogénios são capazes de determinar a síntese e o aumento dos sítios receptores da progesterona. Nestas condições, a progesterona possui simultaneamente propriedades antiestrogénicas e propriedades específicas para cada um destes tecidos (Zerr-Fouineau, 2006).

4.3- Efeitos dos progestagénios

- ✓ *No útero*: A função essencial da progesterona é preparar o útero para a implantação. Inibe as contracções rítmicas da musculatura uterina, criando um "silêncio uterino" sem o qual a gestação seria impossível.

- ✓ *No endométrio*: A progesterona interrompe as mitoses provocadas pelos estrogénios e permite o aparecimento de um aspeto secretor, conhecido como "renda uterina", com vacúolos cheios de glicogénio. O endométrio é, de longe, o tecido mais rico em receptores de progesterona.

- ✓ *No miométrio*: A musculatura das trompas é também significativamente afetada pela influência depressiva da progesterona, que pode assim modificar o transporte tubário do óvulo fecundado.

- ✓ *Colo do útero*: a progesterona suprime o muco cervical induzido pelos estrogénios (secreção de glicoproteínas).

- ✓ *Nas trompas de Falópio*: A progesterona pode abrandar o trânsito do óvulo.

- ✓ *Nas glândulas mamárias*: a progesterona só actua no tecido mamário preparado pelos estrogénios. Em sinergia com os estrogénios, provoca então uma proliferação alvéolo-acinar (Zerr-Fouineau, 2006).

4.4- Efeitos metabólicos

Os efeitos metabólicos da progesterona não são muito marcados, se é que existem. Apenas a sua ação natriurética e diurética, de tipo anti-aldosterona, está bem estabelecida: a progesterona compete com o mineralocorticóide nos seus receptores no túbulo distal.

a- Efeito anti-mineralocorticóide

A progesterona inibe o efeito da aldosterona, que estimula o transporte de sódio nas células renais, reduzindo assim a sua concentração plasmática e aumentando a sua eliminação urinária (Champigny *et al.*, 1994).

b- Efeito hipertermizante

A progesterona é responsável pelo aumento da temperatura em cerca de 0,5°C durante a segunda metade do ciclo menstrual na maioria dos mamíferos. Do mesmo modo, para concentrações plasmáticas superiores a 3 ng/ml, a progesterona tem um efeito hipertermizante, aumentando a temperatura corporal basal em cerca de 0,3 a 0,5°C.

4.5- Outros efeitos

A progesterona tem igualmente um efeito anestésico e influencia a função respiratória, actuando diretamente nos centros correspondentes. Pode igualmente ter um efeito sobre a timia geral, provavelmente através dos seus receptores cerebrais e hipotalâmicos. Por último, a progesterona inibe ou reduz o aumento da permeabilidade capilar provocado pelo estradiol (Pocock e Christopher, 2004).

5. O valor da medição da progesterona no controlo da gestação em cabras

O papel essencial da progesterona na manutenção da gestação é conhecido desde há muito tempo. Foi a base para o desenvolvimento de métodos de diagnóstico hormonal a partir da década de 1970.

[èmeèmeèmeème]Mínima durante o estro (0,2 a 0,6 ng/ml), a concentração de progesterona aumenta progressivamente dos dias 3 a 4 (figura 6), atingindo um máximo de cerca de 6 ng/ml entre os dias 7 e 10 do ciclo em cabras ciclando (não grávidas). [èmeème]$_{2\alpha}$Esta concentração mantém-se estável até cerca dos 16 -17 dias, antes de diminuir fortemente após a luteólise induzida pela prostaglandina F uterina. Em caso de fecundação, os níveis de progesterona são mantidos pelo interferão tau, o sinal embrionário nos ruminantes (Sousa *et al.*, 2004). É de notar que a secreção de progesterona na cabra é quase exclusivamente de origem ovárica.

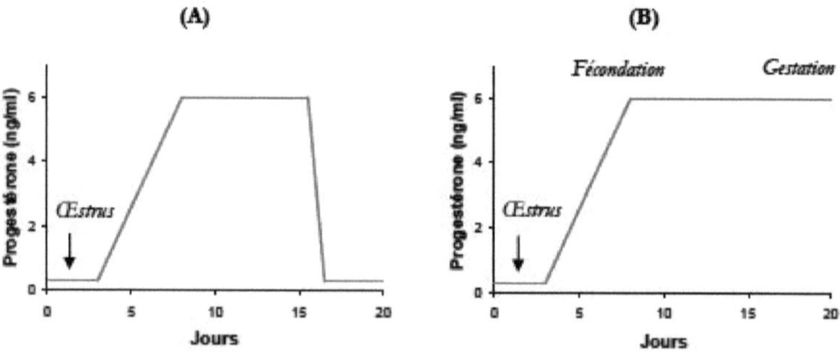

Figura 6: ***Alterações teóricas na concentração plasmática de progesterona em cabras durante o ciclo sexual (A) e a gestação (B) (Sousa et al., 2004).***

èmeèmeA principal vantagem dos testes de progesterona é o facto de permitirem um diagnóstico precoce a partir dos 21-22 dias nas cabras (Thimonier, 2000). No entanto, este diagnóstico não é isento de falhas. Embora possa ser considerado indiscutível quando é negativo, permitindo identificar muito cedo os animais não grávidos, só demonstra a presença de um corpo lúteo funcional quando é positivo (> 2 ng/ml). Pode dar origem a um certo número de diagnósticos falsos positivos, em função do grau de mortalidade embrionária do efetivo ou em caso de conhecimento impreciso da data de fecundação.

De facto, estudos sobre esta questão referem que até 10-30% das cabras classificadas como positivas não o são de facto (Vanroose *et al.*, 2000). Nestes animais, níveis elevados de progesterona indicam uma alteração do ciclo (ciclo mais curto ou mais longo), a presença de um quisto luteal, infecções do trato genital ou a ocorrência de morte embrionária precoce ou tardia, que pode levar à persistência do corpo lúteo ou a uma pseudo-gravidez na cabra.

Podemos concluir que este método é eficaz no diagnóstico de um estado não grávido, permitindo não só o regresso imediato dos animais à reprodução, mas também o tratamento em caso de patologias utero-ovarianas.

6. Métodos de medição da progesterona

Por todas as razões acima referidas, a análise clínica dos níveis de progesterona é utilizada há quase 30 anos. Os primeiros testes baseavam-se em reacções químicas. Estes métodos eram muito específicos, mas exigiam grandes quantidades do esteroide (da ordem dos miligramas). O desenvolvimento dos ensaios imunológicos permitiu obter ensaios muito mais sensíveis (da ordem de uma centena de pg) e fáceis de efetuar.

No entanto, o principal problema destes ensaios prende-se com a especificidade dos anticorpos utilizados. Este problema é ainda mais importante quando se trata do reconhecimento específico de uma pequena molécula não imunogénica (hapteno), hidrofóbica e, sobretudo, com numerosos análogos com estruturas muito semelhantes, como é o caso da progesterona (semelhança estrutural com a testosterona, o cortisol, o estradiol, a pregnenolona, etc.).

Para reduzir as reacções cruzadas, uma solução consistia em extrair os esteróides com solventes orgânicos e separá-los por cromatografia antes de os analisar por imunoanálise (Barkley *et al.*, 1985; Agasan *et al.*, 1994; Wudt *et al.*, 1995). No entanto, este método é muito complicado e inadequado para uma utilização intensiva e rotineira.

Os anticorpos altamente específicos continuam a ser a chave dos imunoensaios. O número de métodos para os obter aumentou enormemente nos últimos anos, uma vez que proporcionam um meio de obter ensaios altamente precisos sem utilizar equipamento dispendioso ou equipamento difícil de utilizar por rotina. A precisão destes ensaios depende da capacidade dos anticorpos para reconhecerem apenas o seu antigénio. Isto tornou-se possível através da utilização de imunogénios preparados por enxerto do esteroide numa proteína transportadora em determinadas posições do núcleo do esteroide (Kothari e Pillai, 1998; Basu *et al.*, 2006; Samuel *et al.*, 2006).

Estes progressos permitiram obter anticorpos policlonais anti-progesterona altamente específicos que foram utilizados no desenvolvimento de numerosos imunoensaios para esta hormona (Erlanger *et al.*, 1958; Bacigalupo *et al.*, 1987; Basu *et al.*, 2006). Estes ensaios baseiam-se atualmente no método do radioimunoensaio (RIA) ou do imunoensaio enzimático (EIA). Podem ser efectuados em amostras de sangue, leite gordo, leite desnatado ou nata de leite. Estudos recentes referem que é mesmo possível medir a progesterona na saliva de certos animais.

Em termos de recomendações, convém recordar que, para o imunoensaio da progesterona, as amostras de sangue devem ser centrifugadas rapidamente após a colheita ou colocadas em tubos que contenham azida de sódio. As amostras de leite também devem ser preservadas através da adição de azida sódica, dicromato de potássio ou cloreto de mercúrio.

IV - IMUNOENSAIOS

1. A interação "antigénio - anticorpo

1.1- Definição de anticorpos e antigénios

Os anticorpos (Ac) ou imunoglobulinas (Ig) são um dos principais componentes do sistema imunitário, ajudando a defender o organismo contra a intrusão de agentes patogénicos. A maioria dos anticorpos circulantes (transportados pelo sangue) é produzida pelos plasmócitos, que correspondem a linfócitos B diferenciados, em resposta à penetração de uma substância exógena no organismo. Esta produção de anticorpos contra um "agressor" é, de facto, apenas uma parte da resposta imunitária (resposta humoral). A introdução de uma substância imunogénica no organismo estimula um grande número de linfócitos, que produzem um grande número de anticorpos que reconhecem diferentes zonas dessa substância, denominadas epítopos ou determinantes antigénicos (resposta policlonal).

Os antigénios são definidos como qualquer estrutura capaz de ser reconhecida por anticorpos (potência antigénica). Podem ser extremamente diversos em termos de natureza e características (proteínas, poliosídeos, ácidos nucleicos, lípidos, esteróides, moléculas sintéticas), massa molecular e conformação. Alguns deles são capazes de provocar uma resposta imunitária sob a forma de síntese de anticorpos (imunogenicidade), dependendo evidentemente do potencial imunológico do hospedeiro (Van Regenmortel, 1994). Outros antigénios, os haptenos, são pequenas moléculas naturais ou sintéticas (MW < 5000 Da), que têm reatividade antigénica mas não têm poder imunogénico, exceto após acoplamento a uma molécula *transportadora*. É o caso dos esteróides, incluindo a progesterona.

1.2- Origens da imunoanálise

As principais etapas do desenvolvimento da imunoanálise são resumidas no quadro 1. [ème]A descoberta da base humoral da imunidade remonta ao final do século XIX, com os trabalhos de Emil Von Behring em 1890 sobre a antitoxina da difteria (Prémio Nobel 1901), seguidos pelos de Paul Ehrlich (Prémio Nobel 1908), que lançaram as bases da imunoquímica.

A descoberta dos principais fenómenos e a invenção de técnicas de precipitação (por Kraus) e de haptenos sintéticos (por Letsteiner) levaram à formulação de teorias fundamentais relativas à reação "anticorpo-antigénio". Arrhenius introduziu a ideia de reversibilidade, ou seja, de equilíbrio; Heidelberger demonstrou que a valência dos anticorpos era de dois (também confirmada por Karush, 1958); Letsteiner e Pauling iniciaram a caraterização termodinâmica das reacções antigénio-anticorpo e puseram em evidência o fenómeno da "reatividade cruzada".

A utilização do carácter antigénico das imunoglobulinas através da utilização de anticorpos antiglobulina permite classificá-las (isotipia, alotipia, idiotipia).

A dissecção dos anticorpos foi efectuada graças aos trabalhos complementares de Porter e Edelman (Porter, 1967; Edelman *et al.*, 1969). A estrutura tridimensional dos anticorpos e dos seus locais de ligação foi clarificada por estudos de cristalografia de raios X (Poljak *et al.*, 1973).

A natureza dos anticorpos e a sua ligação aos antigénios tornou-se uma ferramenta poderosa para a exploração e quantificação. O desenvolvimento do radioimunoensaio é classicamente atribuído a Yalow e Berson, que em 1959 desenvolveram o primeiro imunoensaio para a insulina humana no plasma (Yalow e Berson, 1960).

A descoberta de novos princípios de ensaios competitivos e imunométricos (Wide *et al.*, 1967; Miles e Hales, 1968; Ling e Overby, 1972), o desenvolvimento de técnicas de separação de espécies livres ou ligadas no complexo imunitário (Catt *et al.*, 1967) e a procura de meios originais de revelação, como a marcação enzimática (Engvall e Perlman, 1971), deram a estes métodos um novo fôlego.

Em 1975, os trabalhos de Köhler e Milstein tornaram possível a obtenção de anticorpos monoclonais (mAbs) produzidos por um único clone de linfócitos (Köhler e Milstein, 1975). Para além do seu interesse científico, esta descoberta teve repercussões tecnológicas importantes na utilização industrial da especificidade imunológica, graças à possibilidade de obter grandes quantidades de anticorpos monoclonais perfeitamente homogéneos com uma dada especificidade, que podiam ser produzidos à vontade.

Quadro 1: ***Etapas do desenvolvimento da imunoanálise***

Ano	*Autor*	*Descobrir ou desenvolver um método*
1890	Von Behring	Antitoxinas
1896	Gruber e Durham	Aglutinação
1892	Pescador	O modelo "lock *and key*
1897	Ehrlich	A base química da especificidade antitóxica Teoria das *cadeias laterais*
1897	Kraus	A pressa
1917	Letsteiner	Haptinas sintéticas
1929	Heidelberger	Serologia química quantitativa
1937	Langmuir e Schaefer	Imunoensaio em fase sólida (primeira descrição)
1938	Kabat	Os anticorpos são gamaglobulinas
1942	Cocos	Imunofluorescência
1946	Oudin e Ouchterlöny	Imunodifusão
1953	Grabar	Imunoeletroforese
1958	Porteiro	A estrutura das imunoglobulinas
1959	Edelman	A sequência de uma imunoglobulina
1959	Yalow e Berson	Radioimunoensaios
1966, 1967	Largo e Porath, Catt e Tregear	A utilização de anticorpos ligados covalentemente a uma fase sólida
1967, 1968	Wide *et al,* Miles e Hales	Ensaio imunoradiométrico
1971	Engvall e Perlman	Imunoensaio enzimático
1972	Ling e Overby	Ensaio imunoradiométrico em dois locais (ensaio em sanduíche)
1973	Poljak *et al.*	A estrutura tridimensional de um anticorpo por cristalografia
1975	Köhler e Milstein	A produção de anticorpos monoclonais

Baseado na tese de E. Zuber (Zuber, 1997).

1.3- Estrutura dos anticorpos

Os anticorpos são glicoproteínas com uma estrutura básica comum, geralmente constituída por duas cadeias polipeptídicas leves (ou L para *Light*) com um peso molecular de 25 kDa e duas cadeias pesadas (ou H para *Heavy*) com um peso molecular entre 50 e 72 kDa. É de notar que algumas imunoglobulinas (Ig) podem associar-se em estruturas multiméricas.

Os IgGs são os principais anticorpos utilizados na imunoanálise. Para um determinado anticorpo, as duas cadeias pesadas são idênticas, tal como as duas cadeias leves. Cada cadeia pesada está intimamente associada a uma das cadeias leves; a estabilidade é assegurada por pontes dissulfureto intra e inter-catenárias e por interacções terciárias e quaternárias. É feita uma distinção clássica entre uma parte constante (C) e uma parte variável (V), constituída pela região amino-terminal das cadeias pesadas e leves. Esta estrutura simétrica inclui dois sítios de ligação aos antigénios (parátopos) na parte variável (divalência), como mostra a figura 7.

A digestão da IgG com papaína produz três fragmentos proteolíticos distintos: um fragmento Fc (fragmento *cristalino*) e dois fragmentos monovalentes, ainda capazes de se ligar ao antigénio, conhecidos como Fab (*fragmento de ligação ao antigénio*). Os paratopos são partilhados entre os módulos VH e VL, que se combinam para formar uma estrutura em barril. A análise da sequência das partes variáveis define 3 regiões por módulo onde a variabilidade da sequência primária é elevada, conhecidas como loops hipervariáveis ou *CDR* (*regiões determinantes da complementaridade*), que permitem o reconhecimento do antigénio. Esta interação está cada vez mais bem caracterizada do ponto de vista estrutural e funcional (Van Regenmortel, 1998). As duas características essenciais do reconhecimento molecular são a afinidade e a especificidade.

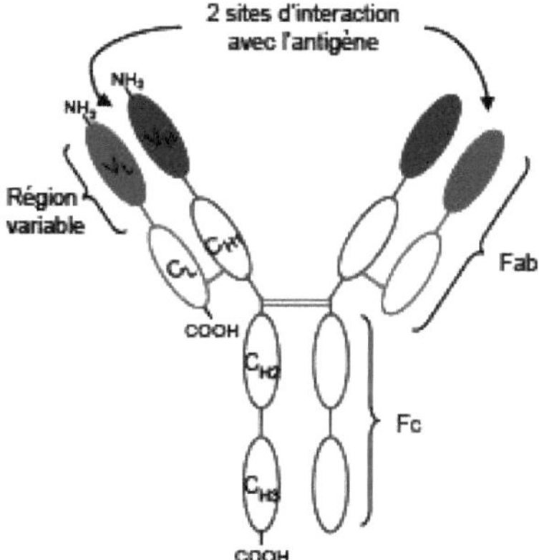

Figura 7: ***Estrutura simplificada de uma unidade básica de imunoglobulina***
Cadeia pesada (índice H) em azul, cadeia leve (índice L) em verde,
V: parte variável, C: parte constante, As linhas vermelhas simbolizam as pontes dissulfureto,
Fab: fragmento de ligação ao antigénio; Fc: fragmento cristalino

1.4- Noções de afinidade e especificidade

$_{a}^{-1}$A afinidade da interação define a estabilidade do complexo Ag-Ac e pode ser caracterizada quantitativamente pela constante de afinidade K (constante de equilíbrio, em M), escrita em função do equilíbrio da reação.

Em termos simplificados, a reação cinética entre um local de ligação (paratopo) e um determinante antigénico (epítopo) pode ser escrita como :

$$[1] \qquad Ac + Ag \underset{k_{off}}{\overset{k_{on}}{\rightleftharpoons}} Ac - Ag$$

$_{on off}$*com Ac: parátopo; Ag: epítopo; Ac-Ag: complexo epítopo-parátopo; k: constante de velocidade de associação; k: constante de velocidade de dissociação.*

Por conseguinte, a concentração do complexo [Ac-Ag] varia ao longo do tempo de acordo com a seguinte equação diferencial:

$$[2] \qquad \frac{d[Ac - Ag]}{dt} = k_{on}[Ac][Ag] - k_{off}[Ac - Ag]$$

$_{on}{}^{-1-1}{}_{off}{}^{-1}$*com, entre parêntesis rectos, as concentrações (M) em função do tempo t (s); k (M s); k (s).*

$_a$A constante de afinidade K de um sítio de ligação para um sítio antigénico é definida pela relação :

$$[3] \qquad K_a = \frac{k_{on}}{k_{off}}$$

No equilíbrio, a concentração do complexo [Ac-Ag] é estável, pelo que :

$$[4] \qquad K_a = \frac{[Ac - Ag]}{[Ac][Ag]}$$

$_a$Tradicionalmente, K é medido no equilíbrio utilizando a representação de Scatchard (Yalow e Berson, 1960). $_{onoff}$Pode também ser determinado utilizando o biossensor Biacore para calcular as constantes cinéticas k e k (Fivash *et al.*, 1998). $_a$Quanto maior for a afinidade da interação Ag-Ac, mais elevado será o K e mais estável será o complexo. $_a{}^{9-1}$Considera-se geralmente que o anticorpo tem boa afinidade para o antigénio quando K é maior ou igual a 10 M .

No caso de uma molécula multivalente, foi observado um efeito de cooperação entre os sítios, o que deu origem ao conceito de "avidez". Os autores observaram que a afinidade de uma molécula multivalente era claramente superior à soma aritmética das afinidades de cada um dos seus sítios (Dmitriev *et al.*, 2003).

A especificidade de um anticorpo é um conceito muito mais abstrato do que a afinidade. Corresponde à capacidade dos anticorpos para selecionar entre espécies químicas próximas (Janin, 1995). Idealmente, um anticorpo "específico" formaria complexos estáveis apenas com o antigénio contra o qual foi produzido. No entanto, existem sempre reacções cruzadas, com o anticorpo a reconhecer antigénios análogos com afinidades mais ou menos fortes, com uma estrutura mais ou menos semelhante à do antigénio de referência. A especificidade de um anticorpo só pode, portanto, ser relativa, dada a gama de antigénios possíveis. Num determinado meio biológico, considera-se que um anticorpo tem uma boa especificidade quando consegue medir seletivamente o antigénio entre as moléculas presentes na amostra (Volland, 1999). A afinidade e a especificidade da interação Ac-Ag influenciam fortemente o desempenho dos imunoensaios.

2. Ensaios imunológicos

2.1- Princípio geral

Foi descrito um grande número de métodos de análise baseados na utilização de anticorpos. Nesta secção, consideraremos apenas o caso dos ensaios quantitativos, que representam a grande maioria dos ensaios utilizados para fins de investigação ou diagnóstico.

Os imunoensaios são métodos de análise relativa que utilizam curvas de calibração, estabelecidas através da realização de vários equilíbrios com concentrações conhecidas e variáveis da molécula a avaliar (analito). Limitar-nos-emos aqui ao caso em que pretendemos medir a concentração do antigénio. Medindo a quantidade de complexos formados em cada equilíbrio, é possível estabelecer uma relação experimental entre a concentração do antigénio e a do complexo Ag-Ac. A medição da concentração do complexo Ag-Ac é geralmente facilitada pela utilização de moléculas marcadas ou traçadores.

Os imunoensaios podem ser classificados de acordo com diferentes chaves. Pode ser feita uma distinção entre as metodologias que permitem a monitorização de uma reação realizada numa interface sólido-líquido e as que envolvem uma reação num meio líquido homogéneo. Existem também ensaios que utilizam um único anticorpo ou dois anticorpos que reconhecem epítopos diferentes (ensaios "sanduíche"). Podem ainda ser classificados de acordo com o tipo de marcador ou método de deteção utilizado.

2.2- Dosagens "formato homogéneo" e "formato heterogéneo

Classicamente, existem dois tipos de ensaio, dependendo do facto de estar ou não envolvida uma etapa de separação do complexo imunológico (os chamados ensaios heterogéneos *ou* homogéneos).

Os ensaios em "formato homogéneo" são realizados num único meio. São utilizados quando a formação do complexo Ag-Ac modifica o sinal transportado pelo marcador: a formação do complexo Ag-Ac pode então ser monitorizada diretamente através da medição do sinal "global" da solução.

"sinal da solução. Desta forma, a medição é efectuada em todos os componentes do equilíbrio imunológico, sem necessidade de separação prévia.

Em contrapartida, os chamados ensaios de "formato heterogéneo" envolvem a separação do marcador não complexado do marcador envolvido nos complexos Ag-Ac após a reação imunológica. Na prática, esta separação, que tem de ser efectuada antes da medição final, é frequentemente conseguida utilizando dois meios ou fases: uma fase líquida e uma fase sólida. O Ac ou Ag é ligado a uma fase sólida (por exemplo, parede do tubo, parede da microplaca, esferas magnéticas) por simples adsorção ou por vários tipos de ligação mais específica. Os ensaios heterogéneos, que geralmente implicam a interrupção da reação para medir o sinal, não permitem facilmente a monitorização de cinéticas rápidas e são menos passíveis de automatização. Por outro lado, têm a vantagem de poderem eliminar parcialmente o efeito de matriz, separando a fração não complexada antes da medição.

2.3- Formatos competitivos e imunométricos

Estes ensaios podem ser efectuados em dois formatos: competitivo e imunométrico (Figura 8). Os ensaios competitivos baseiam-se na competição entre um antigénio marcado (ou Ag*) e um antigénio não marcado (a substância a analisar) para a ligação aos locais de ligação do Ac (paratopo). Este tipo de ensaio pode ser representado pelos dois equilíbrios seguintes:

$$Ac + Ag \underset{k_{off}}{\overset{k_{on}}{\rightleftharpoons}} Ac - Ag \quad \text{e} \quad Ac + Ag^* \underset{k^*_{off}}{\overset{k^*_{on}}{\rightleftharpoons}} Ac - Ag^*$$

Os traçadores Ac e Ag* são utilizados em concentrações predeterminadas e constantes. Para permitir esta competição e obter uma boa sensibilidade, estes reagentes devem ser utilizados em quantidades limitadas. A concentração de antigénio não marcado é conhecida para estabelecer a curva de calibração ou é desconhecida nas amostras. Quanto maior for a concentração de Ag, maior será a deslocação da ligação do marcador: o sinal obtido é, por conseguinte, geralmente inversamente correlacionado com a concentração de Ag.

Nos ensaios imunométricos (Figura 8), o marcador é um anticorpo marcado em vez de um antigénio marcado. O princípio envolve a colocação do antigénio a ser testado entre dois anticorpos, que são utilizados em excesso do Ag. Geralmente, o sinal aumenta com a concentração do antigénio a ser testado (linearmente para concentrações baixas). A principal vantagem deste formato de ensaio reside na utilização de reagentes em excesso, favorecendo a formação de complexos e resultando numa maior sensibilidade do que os ensaios competitivos utilizando os mesmos anticorpos, com um aumento da sensibilidade de 10 a 1000 (Ekins, 1993).

No entanto, como este método envolve normalmente a ligação simultânea de duas moléculas de anticorpos à substância a analisar, é menos facilmente aplicável ao ensaio de moléculas de baixa massa molar. Este método requer dois anticorpos que reconheçam dois epítopos diferentes no antigénio (ou anticorpos complementares). No entanto, foram descritos vários métodos para a determinação imunométrica de haptenos (Pradelles *et al.*, 1994; Creminon *et al.*, 1995; Volland, 1999).

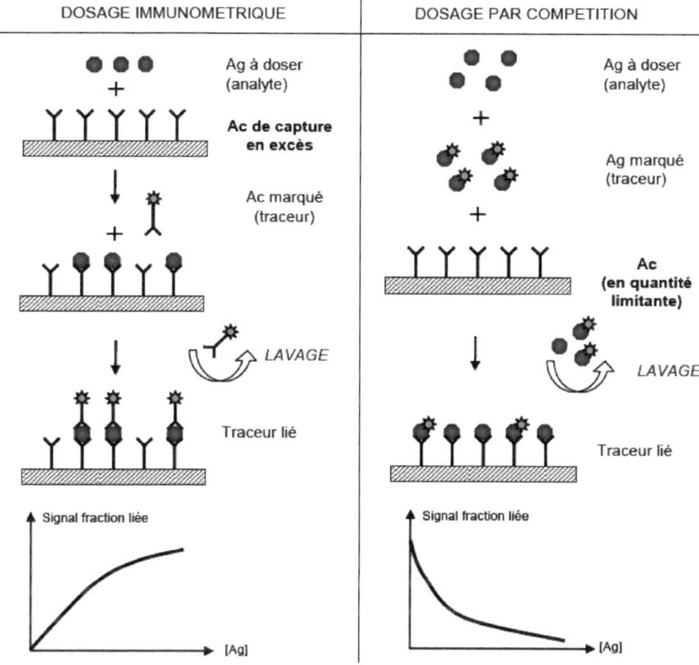

Figura 8: ***Diagrama esquemático dos ensaios imunométricos e competitivos (fase sólida)***

No formato imunométrico, a substância a analisar é colocada entre dois anticorpos.
No formato competitivo, a substância a analisar e o marcador competem pela ligação aos sítios. ligação de anticorpos.

2.4- Métodos de deteção

A maioria dos imunoensaios utiliza moléculas marcadas para revelar o complexo imunitário formado. Este sinal é transportado por um marcador ligado (covalentemente ou não) ao Ac ou Ag. Existem sistemas não marcados, nomeadamente o biossensor

Biacore, baseado na medição da ressonância plasmónica, mas este é raramente utilizado por rotina em ensaios. Podem ser utilizados muitos marcadores (Pelizzola *et al.*, 1995). Trata-se geralmente de marcadores radioactivos, fluorescentes ou luminescentes, ou de enzimas (com a formação de um produto colorido).

^{3125}Os primeiros ensaios desenvolvidos utilizavam marcadores radioactivos (Yalow e Berson, 1960), em especial trítio (H) e iodo 125 (I), sendo este último o marcador mais utilizado em radioimunoensaio devido à sua elevada atividade específica. Os ensaios RIA (*Radio ImmunoAssay*) são geralmente muito sensíveis, permitindo a medição direta do sinal. ^{3}Além disso, a marcação radioactiva (com H, em particular) provoca muito poucas alterações na molécula, preservando a sua imunoreactividade. No entanto, por razões de segurança, exigem um manuseamento muito cuidadoso e raramente são totalmente automatizados. ^{125}A gestão dos resíduos radioactivos é muito dispendiosa e os marcadores têm de ser renovados frequentemente devido ao seu decaimento radioativo (por exemplo, meia-vida de 60 dias para o I). Atualmente, os radioisótopos representam apenas uma pequena fração dos imunoensaios (Brossier *et al.*, 2001).

Graças ao trabalho de Engvall e Perlman sobre a marcação enzimática (Engvall e Perlman, 1971), foram desenvolvidos numerosos métodos *de imunoensaio* enzimático (EIA). A concentração do antigénio marcado é determinada utilizando um substrato, geralmente modificado a partir do substrato natural, que reage com a enzima para formar um produto portador de sinal (geralmente colorido, fluorescente ou quimioluminescente). $^{-18}$Os ensaios de imunoabsorção enzimática são utilizados por rotina para a determinação de uma vasta gama de compostos, com uma sensibilidade muito elevada (até attomoles, ou seja, 10 moles, ou mesmo zeptomoles, ou seja $^{-21}$10 moles de substância a analisar), graças, nomeadamente, à amplificação do sinal inerente ao *turnover* enzimático (Cousino *et al.*, 1997). As enzimas mais frequentemente utilizadas são a peroxidase de rábano, a fosfatase alcalina e a β-D-galactosidase. Em geral, os ensaios EIA são utilizados num formato heterogéneo com medição indireta do sinal: após a eliminação do marcador não envolvido nos complexos imunológicos por uma etapa de separação (etapa de lavagem), é adicionado o substrato; em seguida, após a reação enzimática (etapa de revelação), o produto formado é quantificado.

Nos últimos anos, foram desenvolvidos novos métodos de imunoensaio de fluorescência. Estes métodos caracterizam-se pela sua elevada sensibilidade (Harma *et al.*, 2000; Schultz *et al.*, 2003) e rapidez. Permitem a medição direta, evitando qualquer fase de revelação. No entanto, as suas aplicações são ainda limitadas e requerem por vezes adaptações que são frequentemente muito dispendiosas.

ESTUDO EXPERIMENTAL

PARTE 1: PRODUÇÃO E PURIFICAÇÃO DE ANTICORPOS POLICLONAIS ANTI-PROGESTERONA

A progesterona é uma molécula não imunogénica devido ao seu baixo peso molecular (314,46 g/mol). No seu estado livre, é portanto incapaz de estimular a resposta imunitária de um organismo a produzir anticorpos. A produção de anticorpos policlonais dirigidos contra esta hormona exige, por conseguinte, que esta seja associada a uma proteína transportadora de elevado peso molecular.

Foram propostas várias técnicas de acoplamento progesterona-proteína (Erlanger *et al.*, 1958; Bacigalupo *et al.*, 1987; Basu *et al.*, 2006). A maioria destas técnicas destaca a influência do local de conjugação (posição de ligação da proteína à progesterona) e a natureza do ligando (braço de ligação) na afinidade e especificidade dos anticorpos produzidos (Niswender, 1973). Foi demonstrado que os imunogénios de proteína progesterona conjugados com a posição 3 ou 11 da progesterona (Figura 9) produzem anticorpos com afinidades e especificidades mais elevadas do que os anticorpos desenvolvidos contra imunogénios conjugados com outras posições do esteroide (Kothari e Pillai, 1998; Samuel *et al.*, 2006).

É por esta razão que nos propusemos preparar imunogénios, conjugados a uma destas duas posições (3 e 11) da progesterona, a fim de os utilizar para produzir localmente anticorpos policlonais anti-progesterona altamente específicos, necessários para o desenvolvimento de sistemas de imunoensaio para esta hormona.

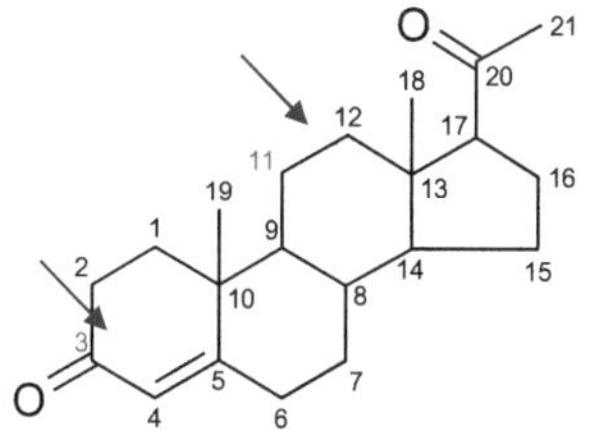

Figura 9. → *Estrutura química da progesterona mostrando os sítios de conjugação ( ) mais comummente utilizado para a preparação de imunogénios*

I - PREPARAÇÃO DE IMUNOGÉNIOS

Os derivados da progesterona geralmente utilizados para a preparação de imunogénios são: 11α-hemisuccinato de progesterona (P11α-HS) e 3-(O-caroboximetil) oxima de progesterona (P3-CMO). Estes dois derivados são caracterizados pela presença de um grupo carboxilo, que desempenha um papel essencial nas reacções de acoplamento (Figura 10).

Na ausência da sua comercialização e/ou dos seus preços excessivamente elevados, estes derivados foram sintetizados no nosso laboratório utilizando a 11α-hidroxiprogesterona e a progesterona como precursores, respetivamente para a síntese do 11α-hemisuccinato de progesterona e da 3-(O-caroboximetil) oxima de progesterona.

OH
O
O
O
O
O
(A)

(B)
O
O
HO
O
N

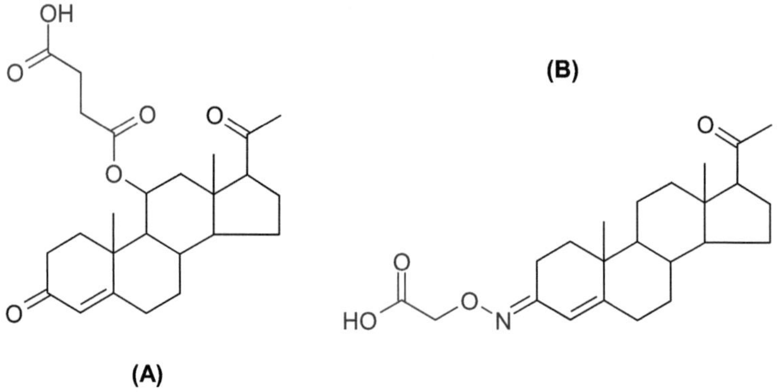

Figura 10. ***Estruturas químicas do 11α-hemisuccinato de progesterona*** **(A)** ***e progesterona 3-(O-caroboximetil) oxima*** **(B)**

Estes derivados da progesterona são mais frequentemente acoplados à albumina de soro bovino (BSA), embora possam também ser utilizadas como transportadores outras proteínas de elevado peso molecular, como a hemocianina (KLH) ou a ovalbumina (OVA).

1. Síntese de derivados de progesterona com uma função carboxilo

1-1. 11α-hemisuccinato de progesterona (P11α-HS)

A 11α-hemisuccinato de progesterona (P11α-HS) foi sintetizada a partir da 11α-hidroxiprogesterona (P11α-OH) utilizando o método descrito por Allen e Redshaw (1978), que adaptámos às nossas condições laboratoriais.

a- Esquema de reação

Anidrido succínico

\+

Refluxo para piridina durante 5-6 h

11α-Hidroxiprogesterona

11α-hemisuccinato de

b- Equipamento necessário

Reagentes	*Equipamento especial*
- 11α-Hidroxiprogesterona	- Aquecedor de balões
- Anidrido succínico	- Balão
- Piridina	- Refrigerante
- Acetato de etilo	- Rotavapeur
- ICS	- Funil de decantação
- KOH	
- Benzeno	
- Hexano	
- $MgSO_4$	

c- Protocolo experimental

Dissolver 250 mg (0,75 mmol) de 11α-hidroxiprogesterona (Sigma-Aldrich) e 250 mg (2,5 mmol) de anidrido succínico em 10 ml de piridina. A mistura reacional foi aquecida e deixada em refluxo durante 5-6 h. Após a remoção do solvente (piridina) por meio de rotavapor (85°C, in vacuo), o resíduo obtido (semi-sólido) foi absorvido em 50 ml de acetato de etilo, sendo depois extraído com uma solução de KOH a 4% (2 x 50 ml).

A fase aquosa recuperada foi lavada com acetato de etilo e depois acidificada a pH 2 com uma solução concentrada de HCl. A mistura arrefecida foi então extraída com acetato de etilo (2 x 50 ml). 4O extrato orgânico obtido foi lavado com água destilada (100 ml) antes de ser seco sobre MgSO .

Após filtração, o solvente foi removido com um rotavapor (50°C, sob vácuo) e o resíduo obtido foi o 11α-hemisuccinato de progesterona.

A recristalização do produto da reação (P11α-HS) é possível após solubilização do resíduo recuperado a quente numa mistura de benzeno/hexano (v/v, 5 ml) e arrefecimento (4°C).

d- Análises físico-químicas

A reação de síntese de P11α-HS foi seguida por cromatografia em camada fina utilizando gel de sílica como fase estacionária e uma mistura de clorofórmio/acetona (7/3; v/v) como fase móvel (eluente).

Os resultados obtidos após revelação no UV (Figura 11) mostram o desaparecimento do reagente de partida e o aparecimento de um novo produto com um R de 0,16 correspondente ao de P11α-HS de acordo com a literatura (Allen e Redshaw, 1978).

Figura 11: ***Análise TLC em gel de sílica do P11α-HS sintetizado***
R é o reagente inicial; P é o produto da reação
O sistema de eluição utilizado foi uma mistura de clorofórmio/acetona (7/3; v/v)

O ponto de fusão do produto sintetizado (P11α-HS) foi avaliado a 154°C utilizando o *aparelho "Electrothermal-9300 Digital Melting Points Apparatus"*. Este resultado está em perfeita concordância com o registado na literatura, que estipula um ponto de fusão para este produto entre 152-154°C (Allen e Redshaw, 1978).

A fim de melhor elucidar a estrutura química do produto sintetizado (P11α-HS), foi efectuado um estudo analítico completo na Unité d'Appui Technique à la Recherche Scientifique (UATRS), do Centre National pour la Recherche Scientifique et Technique

(CNRST). Este estudo inclui as seguintes análises: ^{1}Espectrometria de IV, RMN H e espetrometria de massa.

$^{-1}{}_{O-H}{}^{-1}{}_{C=O}$Em particular, o espetro de IV registado para o P11α-HS sintetizado mostra uma banda larga a 3442 cm correspondente às vibrações de valência ν da função carboxílica e uma banda intensa a 1729 cm correspondente às vibrações de valência ν do carbonilo da função ácida (Figura 12).

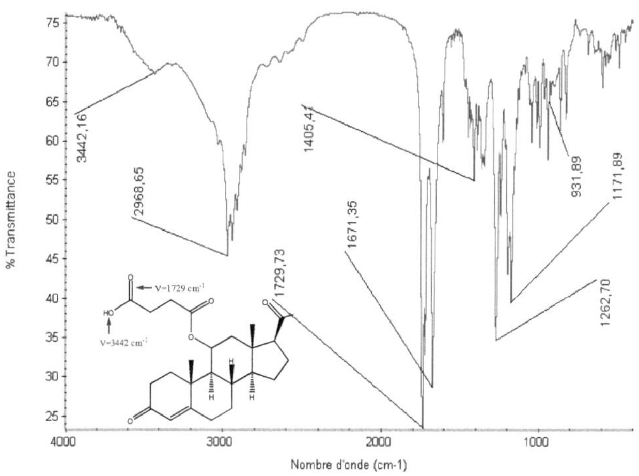

Figura 12: ***Espectro de IV do P11α-HS sintetizado***
Amostra sólida; KBr

^{1}O espetro de RMN de H do P11α-HS sintetizado, obtido em clorofórmio deuterado, mostra, para além dos sinais devidos aos protões da progesterona, dois multipletos centrados a 2,56 e 2,70 ppm, respetivamente, atribuídos aos protões da cadeia de hemisuccinato introduzida na molécula de partida (Figura 13).

O espetro de massa do P11α-HS sintetizado mostra um pico molecular a m/z = 431,06 correspondente ao [M + H] deste produto (Figura 14).

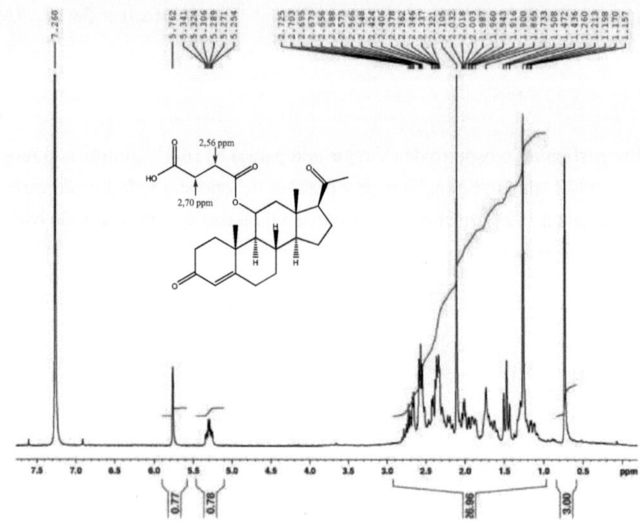

^{1}Figura 13: ***Espectro de RMN de H do P11α-HS sintetizado***
Amostra colhida em clorofórmio deuterado

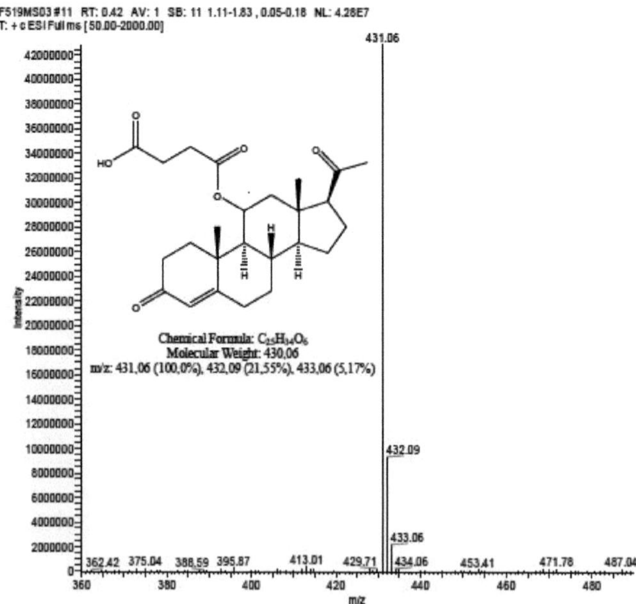

Figura 14: *Espectro de massa do P11α-HS sintetizado*

[1]No seu conjunto, estes resultados, obtidos por espetroscopia de infravermelhos, RMN H e espetroscopia de massa, mostram claramente que o produto sintetizado é o 11α-hemisuccinato de progesterona (P11α-HS). O rendimento da reação de síntese é estimado em 70%.

1-2. Progesterona 3-(O-caroboximetil) oxima (P3-CMO)

A progesterona 3-(O-caroboximetil) oxima (P3-CMO) foi sintetizada a partir da progesterona segundo o método descrito por Janosky *et al* (1973), que adaptámos às condições do nosso laboratório.

a- Schéma réactionnel

b- Equipamento necessário

Reagentes	*Equipamento especial*

- Progesterona	- Aquecedor de balões
- Pirrolidina	- Balão
- Carboximeetoxi amina ½ HCl	- Refrigerante
- Metanol	- Rotavapeur
- Acetato de etilo	- Funil de decantação
- ICS	
- NaOH	
$_2$- Na SO_4	
- Água destilada	

c- Protocolo experimental

628,9 mg (2 mmol) de progesterona (Sigma-Aldrich) e 284,5 mg (4 mmol) de pirrolidina foram dissolvidos em 20 ml de metanol. Após 5 minutos de agitação, formou-se um precipitado amarelado (progesterona 3-(N-pirrolidil) enamina). Adicionaram-se 218,6 mg (2 mmol) de carboximetilamina ½ HCl a esta mistura reacional, com agitação. A mistura é aquecida a 50-60°C durante 5 minutos.

Após arrefecimento, a solução resultante (descolorida e homogénea) foi evaporada sob vácuo com o rotavapor e o resíduo obtido foi absorvido em 40 ml de água destilada. Esta fase aquosa foi em seguida acidificada a pH 2 com uma solução concentrada de HCl antes de ser extraída 3 vezes com 50 ml de acetato de etilo.

A fase orgânica recuperada foi então extraída 3 vezes com 50 ml de uma solução de NaOH a 4% (p/v). Esta solução alcalina foi lavada com 100 ml de acetato de etilo e depois arrefecida num banho de gelo. O pH foi ajustado para 2 utilizando a solução concentrada de HCl para precipitar o produto da reação (P3-CMO). O precipitado obtido foi extraído com acetato de etilo. $_{24}$A fase orgânica assim obtida foi lavada com água destilada, seca sobre Na SO e depois evaporada no vácuo utilizando o rotavapor.

A recristalização do produto da reação (P3-CMO) é possível após solubilização do resíduo recuperado a quente numa mistura de metanol/água destilada (v/v, 10 ml) e arrefecimento (4°C).

d- Análises físico-químicas

A reação de síntese do P3-CMO foi monitorizada por cromatografia em camada fina utilizando sílica gel como fase estacionária e acetato de etilo/metanol (8/2; v/v) como eluente.

$_f$Os resultados obtidos após revelação no UV (Figura 15) mostram o desaparecimento do reagente de partida e o aparecimento de um novo produto com um R de 0,12 correspondente ao de P3-CMO de acordo com a literatura (Mitsuma *et al.*, 1987).

Figura 15: ***Análise TLC em gel de sílica do P3-CMO sintetizado***

R é o reagente inicial; P é o produto da reação

O sistema de eluição utilizado foi uma mistura de acetato de etilo e metanol (8/2; v/v)

O ponto de fusão do produto sintetizado (P3-CMO) foi avaliado a 169°C utilizando o *aparelho "Electrothermal-9300 Digital Melting* Points Apparatus" fornecido pela UPR. Este resultado está em perfeita concordância com o indicado na literatura, que estipula um ponto de fusão para este produto no intervalo 168-170°C (Allen e Redshaw, 1978).

Tal como no caso do P11α-HS e com o objetivo de elucidar melhor a estrutura química do P3-CMO, foi realizado um estudo analítico completo na UATRS do CNRST. Este estudo incluiu as seguintes análises: ^{1}Espectrometria de IV, RMN H e espetrometria de massa.

$^{-1}{}_{O-H}{}^{-1}{}_{C=O}$Em particular, o espetro de IV registado para o P3-CMO sintetizado mostra uma banda larga a 3429 cm correspondente às vibrações de valência ν da função carboxílica e uma banda intensa a 1736 cm correspondente às vibrações de valência ν da função ácido carbonílico (Figura 16).

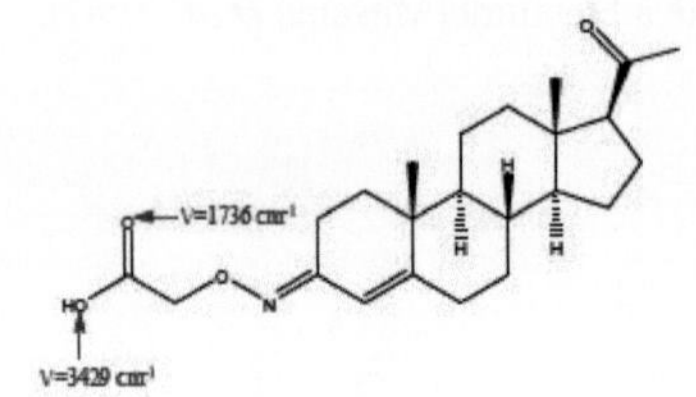

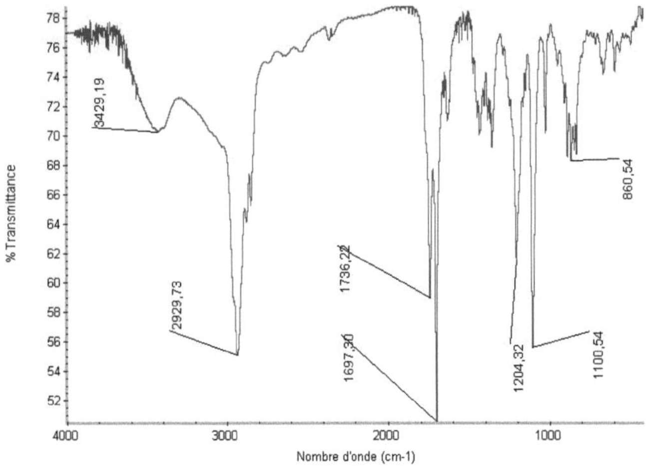

Figura 16: ***Espectro de infravermelhos do P3-CMO sintetizado***
Amostra sólida; KBr

$^{1}{}_{2}$O espetro de RMN de H do P3-CMO sintetizado, obtido em clorofórmio deuterado, mostra, para além dos sinais devidos aos protões da progesterona, um singleto a 4,69 ppm atribuído aos protões do grupo (-CH -) ligado à função oxima, $_{43}$bem como uma variação no desvio químico correspondente aos protões de C de 5,73 para 6,45 ppm, devido à inserção de um grupo químico mais eletronegativo em C (Figura 17).

O espetro de massa do P3-CMO sintetizado mostra um pico molecular a m/z = 388,09 correspondente ao [M + H] deste produto (Figura 18).

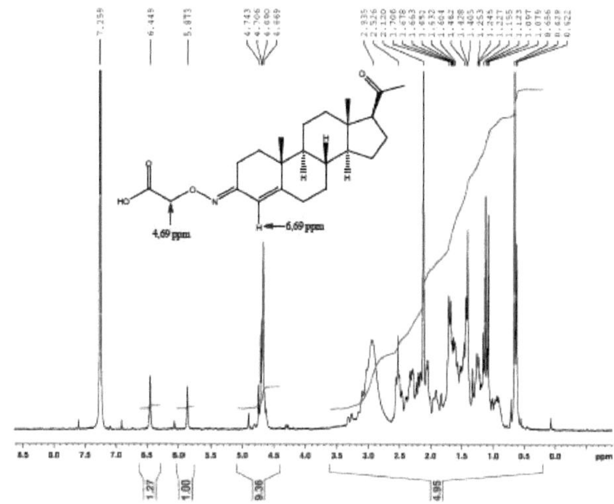

[1]Figura 17: ***Espectro de RMN de H do P3-CMO sintetizado***

Amostra colhida em clorofórmio deuterado

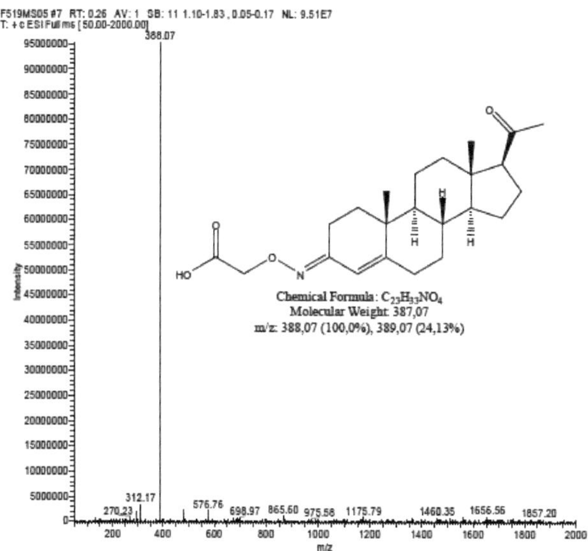

Figura 18: ***Espectro de massa do P3-CMO sintetizado***

Ionização por electrospray em modo positivo

[1]Todos estes resultados, obtidos por espetroscopia de infravermelhos, RMN H e espetroscopia de massa, confirmam que o produto sintetizado é a progesterona 3-(O-caroboximetil) oxima (P3-CMO). O rendimento da síntese foi estimado em 74%.

2. Acoplamento da progesterona com BSA

Após vários ensaios relativos à solubilidade dos reagentes e à miscibilidade dos solventes, optámos pelo chamado método "ativado por éster" para acoplar a progesterona à BSA. Este método foi descrito em vários estudos de investigação como o método de eleição para o acoplamento de esteróides a proteínas transportadoras (Bacigalupo *et al.*, 1987; Basu *et al.*, 2003; Basu *et al.*, 2006). Envolve primeiro a preparação de um derivado ativado por éster do esteroide a partir do derivado funcional de carboxilo e, em seguida, o acoplamento deste derivado ativado por éster à proteína transportadora (BSA).

A escolha dos solventes orgânicos utilizados e das suas proporções baseou-se na sua miscibilidade com a água e na sua capacidade de solubilizar os diferentes reagentes.

2-1. Preparação de derivados de progesterona activados por ésteres

Os derivados éster-ativados da progesterona foram preparados a partir dos derivados carboxil-funcionais que sintetizámos, utilizando o método descrito por Basu *et al* (2006).

a- Esquema de reação

a- Schéma réactionnel

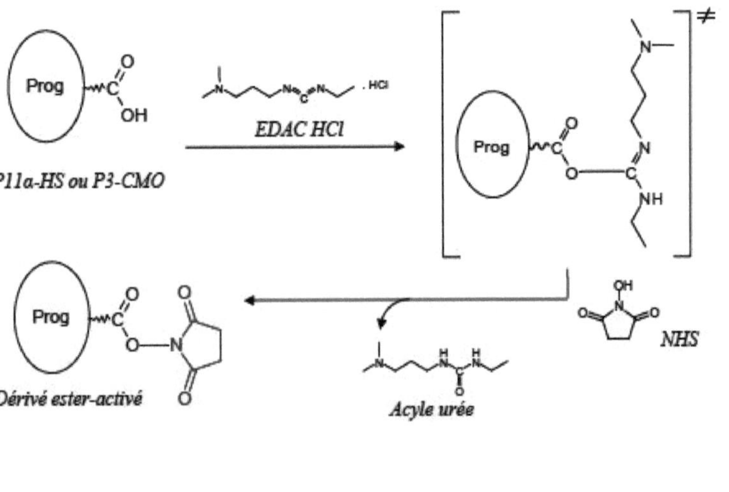

Prog · EDAC HCl · P11a-HS ou P3-CMO · Dérivé ester-activé · Acyle urée · NHS

b- Equipamento necessário

Reagentes	*Equipamento especial*
- Dimetilformamida (DMF)	- Agitador de duas vias
- 1,4-Dioxano	- Centrifugadora
- Água destilada	
- P11α-HS	
- P3-CMO	
- EDAC-HCl	
- *N-hidroxissuccinimida* (NHS)	

c- Protocolo experimental

Numa solução constituída por 400 μl de dimetilformamida (DMF) e 400 μl de 1,4-dioxano, dissolvem-se 12 mg (~ 0,031 mmol) do derivado carboxilfuncional de progesterona sintetizado (P11α-HS ou P3-CMO). Adicionam-se 200 μl de uma solução de água destilada (preparada de fresco) contendo 12 mg de *N-hidroxissuccinimida* (NHS) e
24 mg de cloridrato de 1-etil-3-(3-dimetil aminopropil) carbodiimida (EDAC-HCl).

Após homogeneização por *vórtex*, a mistura de reação foi deixada à temperatura ambiente com agitação suave durante a noite.

×A centrifugação a 15 000 *g* durante 5 minutos permite então eliminar o precipitado de ureia-acilo formado durante a reação e clarificar a solução que contém o derivado ativado por éster preparado.

2-2. Acoplamento com a BSA

Cada um dos dois derivados éster-activados da progesterona, preparados como descrito acima, foi acoplado ao BSA para formar um imunogénio. O objetivo era preparar dois imunogénios que diferissem na posição de ligação da progesterona ao BSA (3 ou 11).

Os derivados de progesterona activados por ésteres preparados foram acoplados com BSA utilizando o método descrito por Basu *et al.* (2006), que adaptámos ligeiramente às condições do nosso laboratório. O procedimento experimental seguido é pormenorizado da seguinte forma:

a- Esquema de reação

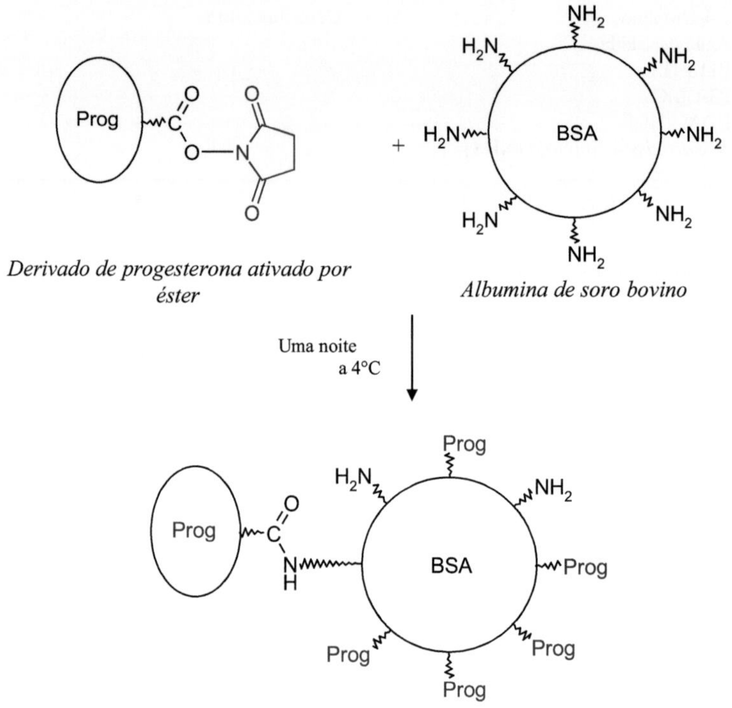

Derivado de progesterona ativado por éster

Albumina de soro bovino

Uma noite a 4°C

Imunogénio "Progesterona-BSA

b- Equipamento necessário

Reagentes	*Equipamento especial*
- Derivados de progesterona activados por ésteres	- Agitador magnético
- Albumina de soro bovino (BSA)	- Agitador de duas vias
- 247Borato de sódio (Na B O)	- Medidor de pH
- Tampão salino fosfato (PBS)	
- Saco de diálise (15.000 MW)	

c- Protocolo experimental

O derivado de progesterona ativado por éster preparado em solução é suavemente adicionado a 4 ml de uma solução contendo 42 mg (0,625 µmol) de BSA em tampão borato de sódio (0,1 M, pH 8) e mantido a 4°C num banho de gelo com agitação contínua.

A mistura de reação foi então incubada durante a noite a 4°C. ×O conjugado progesterona-BSA obtido é dialisado contra 2 5 l de tampão PBS (pH 7,4) durante uma noite a 4°C. Constituirá assim o imunogénio da progesterona. Pode ser conservado durante vários meses a -20°C.

3. Caracterização dos imunogénios preparados

A fim de caraterizar os imunogénios preparados e estimar o rendimento das reacções de acoplamento, utilizámos a espetrofotometria e a eletroforese como técnicas analíticas. Os resultados obtidos são geralmente qualitativos, embora também possam ser utilizados para quantificar o grau de acoplamento, tal como referido em vários estudos de investigação (Yatsimirskaya *et al.*, 1993; Kothari *et al.*, 1995).

3-1. Análise espectrofotométrica

Em primeiro lugar, utilizando um espetrofotómetro UV-visível (*Unicam UV-500),* determinámos os coeficientes de extinção molar da progesterona e da BSA a 248 e 280 nm, os respectivos comprimentos de onda característicos (Figura 19).

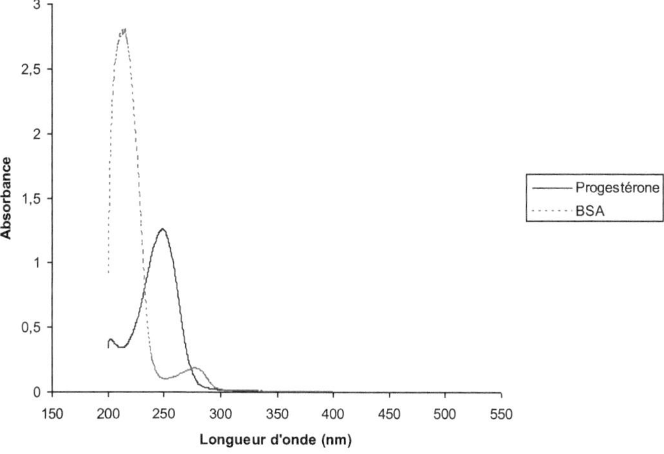

Figura 19: ***Espectros UV-Visível da progesterona e BSA em PBS***

Para tal, preparámos uma gama padrão de progesterona em PBS com concentrações que variam entre 2 e 60 µg/ml, e uma gama padrão de BSA nas mesmas condições, mas com concentrações que variam entre 100 e 1000 µg/ml.

$\times^{4}\times^{2-1-1}\times^{4}\times^{4-1-1}$Os resultados obtidos, após a leitura da densidade ótica dos diferentes padrões a 248 e 280 nm (Figura 20), permitiram avaliar os coeficientes de extinção molar da progesterona a 1,44 10 e 8,74 10 M cm , e do BSA a 2,01 10 e 3,77 10 M cm , respetivamente a 248 e 280 nm (Tabela 2).

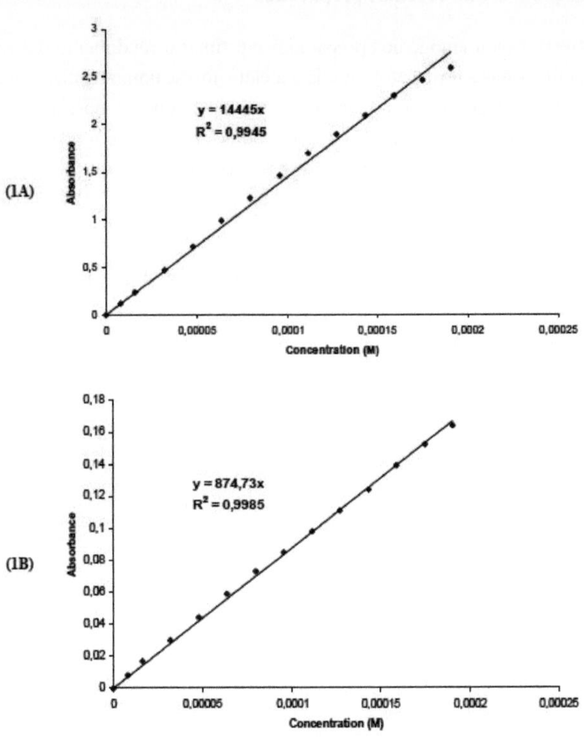

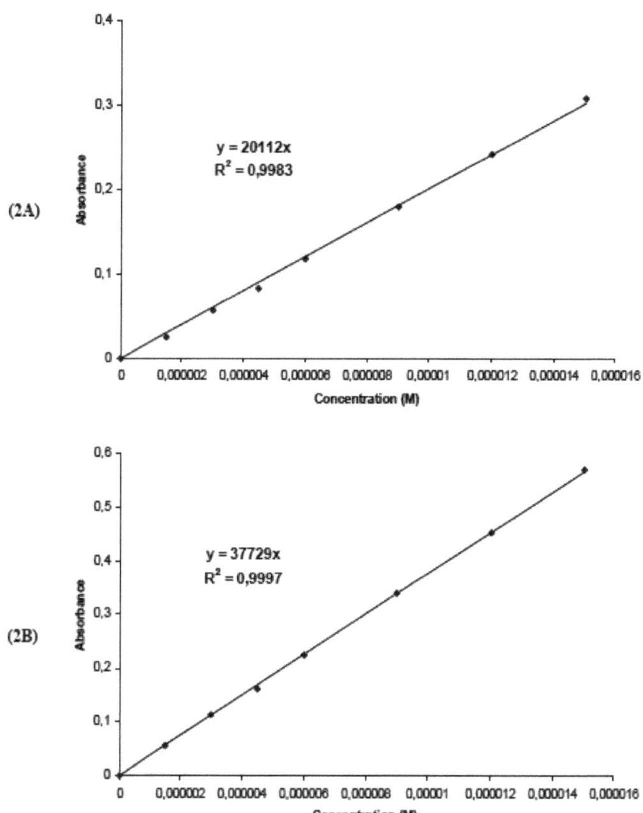

Figura 20: *Gamas de calibração [DO = f (C)] para a progesterona (1) e BSA (2). a 248 nm (A) e 280 nm (B)*

⇓

$^{-1-1}$Quadro 2: *Coeficientes de extinção molar (M cm) da progesterona e da BSA a 248 e 280 nm*

	248 nm	280 nm
Progesterona	$\times 1.44\ 10^4$	$\times 8.74\ 10^2$
BSA	$\times 2.01\ 10^4$	$\times 3.77\ 10^4$

$_{pB}$Utilizando estes coeficientes de extinção molar determinados graficamente e medindo a absorvância a 248 e 280 nm de uma solução contendo aproximadamente 250 μg/ml do imunogénio (conjugado) preparado em PBS, foi possível calcular as concentrações molares de progesterona (*C)* e BSA (*C)* para cada imunogénio utilizando o seguinte sistema de equações com duas incógnitas:

$$\begin{cases} A_T^{248} = A_p^{248} + A_B^{248} \\ A_T^{280} = A_p^{280} + A_B^{280} \end{cases} \Rightarrow \begin{cases} A_T^{248} = \varepsilon_p^{248} l C_p + \varepsilon_B^{248} l C_B \\ A_T^{280} = \varepsilon_p^{280} l C_p + \varepsilon_B^{280} l C_B \end{cases} \Rightarrow \begin{cases} A_T^{248} = \varepsilon_p^{248} C_p + \varepsilon_B^{248} C_B \\ A_T^{280} = \varepsilon_p^{280} C_p + \varepsilon_B^{280} C_B \end{cases}$$

com :

A_T^{248}	*Absorvância do conjugado a 248 nm*
A_T^{280}	*Absorvância do conjugado a 280 nm*
A_p^{248}	*Absorvância da progesterona a 248 nm*
A_p^{280}	*Absorvância da progesterona a 280 nm*
A_B^{248}	*Absorvância da BSA a 248 nm*
A_B^{280}	*Absorvância da BSA a 280 nm*
ε_p^{248}	*Coeficiente de extinção molar da progesterona a 248 nm*
ε_p^{280}	*Coeficiente de extinção molar da progesterona a 280 nm*
ε_B^{248}	*Coeficiente de extinção molar da BSA a 248 nm*
ε_B^{280}	*Coeficiente de extinção molar da BSA a 280 nm*
C_p	*Concentração molar de progesterona*
C_B	*Concentração molar de BSA*
l	*Percurso ótico (1 cm)*

*pBpB*A solução deste sistema de equações com duas variáveis (*C* e *C)* permitiu estimar o rendimento do acoplamento (*R=C /C)* a 21 moléculas de progesterona por molécula de BSA para o imunogénio preparado a partir de P11α-HS e a 24 moléculas de progesterona por molécula de BSA para o imunogénio preparado a partir de P3-CMO. As quantidades preparadas destes dois imunogénios são então, respetivamente, da ordem dos 46 mg para o primeiro e dos 47 mg para o segundo.

Estes resultados confirmam o sucesso das várias etapas realizadas para preparar os nossos imunogénios, uma vez que as eficiências de acoplamento estimadas excedem o valor crítico de 20 (*R > 20*) (Yatsimiriskaya *et al.*, 1993; Kothari *et al.*, 1995). Os nossos imunogénios estão, portanto, prontos a ser utilizados para produzir anticorpos policlonais anti-progesterona.

3-2. Análise electroforética

Com o mesmo objetivo de caraterizar os imunogénios preparados e de verificar o bom desenrolar das reacções de acoplamento, procedeu-se à análise electroforética dos conjugados resultantes destas reacções, em condições desnaturantes, num gel de poliacrilamida a 12%. Os resultados são apresentados na figura 21.

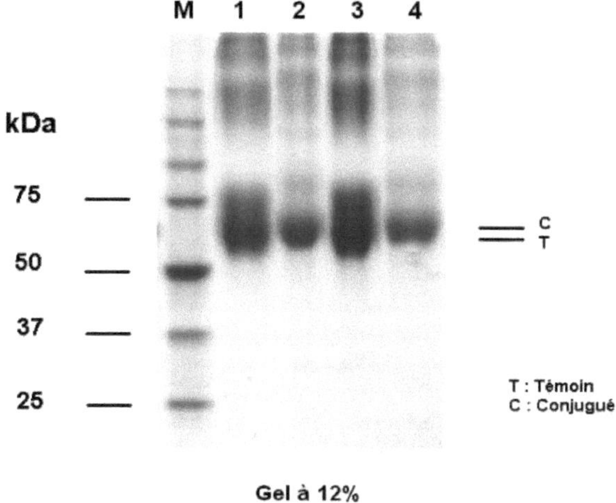

Figura 21: ***Perfis electroforéticos dos imunogénios preparados em gel de poliacrilamida a 12% em condições de desnaturação (PAGE/SDS)***
M: Marcadores de peso molecular; 1 e 3: BSA; 2: Imunogénio preparado a partir de P11a-HS ; 4: Imunogénio preparado a partir de P3-CMO

Estes resultados confirmam os obtidos por espetrofotometria, na medida em que mostram que o peso molecular dos imunogénios preparados (C) é significativamente mais elevado do que o do controlo (T), que é BSA. Isto é uma indicação clara da ligação das moléculas de progesterona (MW ~ 400 g/mol) ao BSA (MW = 66500 Da), resultando num aumento do peso molecular do conjugado.

II - IMUNIZAÇÃO E PREPARAÇÃO DE EXTRACTOS DE ANTICORPOS

1. Escolha dos animais

A maioria dos estudos efectuados sobre o desenvolvimento de procedimentos para o ensaio imunológico da progesterona indica a utilização de anticorpos policlonais produzidos em coelhos (Kothari e Pillai, 1998; Darwati *et al.*, 2006; Samuel *et al.*, 2006). Os coelhos são utilizados há muito tempo para a produção de anticorpos policlonais devido às muitas vantagens que oferecem neste domínio, tais como a sua capacidade de produzir grandes quantidades de anticorpos graças ao seu sistema imunitário desenvolvido, a sua rápida adaptação às condições laboratoriais e a sua facilidade de manuseamento, em especial quando se injectam antigénios ou se recolhem amostras de sangue.

Com o mesmo objetivo de desenvolver kits para o imunoensaio da progesterona, outros trabalhos de investigação referiram a utilização de anticorpos monoclonais de ratinho (Christofidis *et al.*, 2006). Estes têm uma especificidade mais elevada do que os anticorpos policlonais. No entanto, o seu campo de aplicação permanece limitado devido às dificuldades técnicas encontradas durante a sua preparação.

Por outro lado, tanto quanto sabemos, nenhum estudo sobre o desenvolvimento de kits de imunoensaio de progesterona mencionou a utilização de anticorpos policlonais de galinha. No entanto, os campos de aplicação destes anticorpos estão a começar a expandir-se de dia para dia.

Os anticorpos policlonais de ovo de galinha (IgY) representam uma alternativa muito interessante aos anticorpos policlonais de coelho (IgG). Não só podem ser utilizados para obter 5 a 10 vezes mais material final do que os coelhos, mas a sua distância filogenética das proteínas bovinas, caprinas ou de mamíferos em geral torna-os particularmente interessantes. Por conseguinte, estes anticorpos geram menos ruído de fundo do que os anticorpos policlonais de coelho quando utilizados para aplicações em mamíferos e, em alguns casos, permitem a obtenção de títulos melhores do que numa espécie de mamífero.

Por estas razões, decidimos utilizar tanto coelhos como galinhas para produzir dois tipos de anticorpos policlonais anti-progesterona (IgG e IgY) contra os mesmos imunogénios. Estes anticorpos serão comparados em termos de afinidade e especificidade, com vista à sua utilização em kits de imunoensaio de progesterona.

2. Imunização dos animais

Cada um dos dois imunogénios preparados foi utilizado para imunizar dois coelhos (1,5 kg) e duas galinhas (1,5 kg). Estes animais foram alojados separadamente uma semana antes da imunização, para aclimatação, e foram utilizados durante este período para preparar extractos de anticorpos pré-imunes.

O protocolo de imunização seguido é um protocolo convencional de curto prazo que se revelou eficaz em várias ocasiões. Pode ser resumido da seguinte forma (Figura 22):

Dois miligramas do imunogénio progesterona-BSA preparado em 500 µl de PBS foram misturados com 500 µl de adjuvante incompleto de Freund (Sigma-Aldrich). A mistura foi agitada durante 10 minutos (até se obter um líquido branco viscoso) e depois injectada por via subcutânea no coelho ou intramuscular na galinha. As injecções são feitas em diferentes pontos do corpo do animal.

Após 21 dias, foi efectuada uma segunda injeção de reforço com 2 mg do imunogénio em 1 ml de água fisiológica (0,09% NaCl; p/v). Sete dias mais tarde, foram colhidos 60 ml de sangue de coelho ou 6 ovos de galinha.

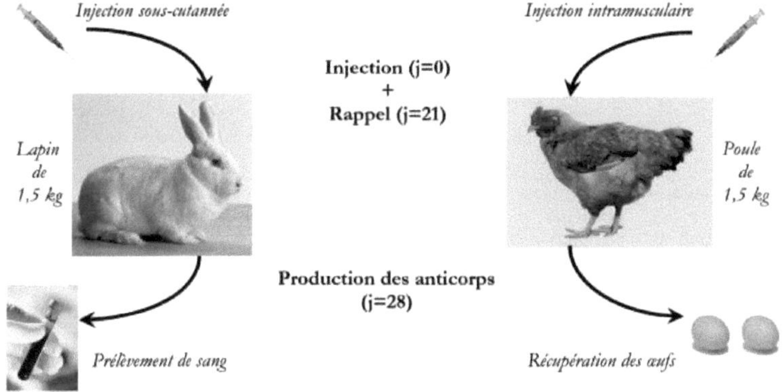

Figura 22: ***Representação esquemática dos protocolos de imunização de coelhos e galinhas com imunogénios preparados***

3. Preparação de extractos de anticorpos

3-1. Purificação de IgG total

O sangue colhido do coelho foi colocado numa estufa a 37°C durante 1 hora antes de ser refrigerado a 4°C durante a noite. ×Após a remoção do coágulo, o soro foi recuperado por centrifugação a 8000 *g* durante 15 minutos. Foi adicionada azida de sódio a 0,02% (p/v) ao sobrenadante para formar o antissoro.

Foi adicionado suavemente a este antissoro sulfato de amónio a 45% de saturação. ×Após precipitação durante 1 h num banho de gelo (~ 4°C) com agitação suave, foi recuperado um extrato proteico contendo todos os anticorpos policlonais (IgG total) por centrifugação (15.000 *g* durante 45 min). Este extrato foi ressuspenso num pequeno volume de tampão de fosfato (30 mM, pH 7,4) e depois dialisado contra este mesmo tampão durante a noite a 4°C.

×O extrato dialisado foi então cuidadosamente introduzido numa coluna de celulose DEAE (3 20 cm) previamente equilibrada com tampão fosfato (30 mM, pH 7,4). Nestas condições de pH e de força iónica, a IgG tem uma carga positiva. Por conseguinte, serão recuperadas do volume morto da coluna eluída com um caudal de 10 ml/h de tampão fosfato (30 mM, pH 7,4). Este processo é designado por cromatografia negativa. As fracções recuperadas (2 ml) são então analisadas por eletroforese, ensaio de proteínas e ELISA.

Um exemplo dos rendimentos obtidos após cada etapa de purificação está resumido na Tabela 3. Os valores apresentados são as médias obtidas para a purificação de IgG de dois coelhos imunizados com o mesmo imunogénio.

Quadro 3: ***Purificação de IgG total a partir de anti-soros***

	Volume (*ml*)	**Concentração proteína** (*mg/ml*)	**Proteína totais** (*mg*)	**Atividade** (*U/ml*)	**Atividade específica** (*U/mg*)	**Atividade total** (*U*)	**Fator de purificação** (*vezes*)	**Rdt** (*%*)
EB	50	90,16	4508	14,26	0,158	712,26	1	100
AS	20	43,75	875	27,09	0,619	541,62	3,9	76
DEAE	26	9,24	240,24	17,03	1,843	442,76	11,6	62,1

EB: Extrato bruto
AS: Precipitação com sulfatos de amónio (45%)
DEAE : Cromatografia de permuta iónica (DEAE celulose)

As actividades indicadas no quadro 2 são expressas em unidades ELISA por unidade de volume (atividade) ou por quantidade de proteína (atividade específica). As concentrações de proteínas são determinadas pelo método de Bradford com referência à curva de calibração.

*3-2. **Purificação de IgY** total*

Os anticorpos policlonais de galinha (IgY) foram recuperados a partir de gemas de ovos utilizando o método descrito por Polson *et al.* (1980). Este método consiste em colocar as gemas de ovo (cuidadosamente separadas das claras) num tubo de ensaio ao qual se adiciona, em igual volume, uma solução contendo tampão fosfato (30 mM, pH 7,4) e azida de sódio a 0,01% (p/v). A mistura foi então misturada com 3,5% (p/v) de polietilenoglicol 6000 e deixada a precipitar sob agitação suave durante 1 hora. ×Após centrifugação (15.000 *g* durante 15 min), o sobrenadante foi precipitado uma segunda vez com a quantidade de polietilenoglicol 6000 necessária para obter uma concentração de 12% (p/v).

×O pellet contendo IgY total recuperado após centrifugação (15.000 *g* durante 15 min) foi ressuspendido num pequeno volume de tampão fosfato (0,030 M, pH 7,4) e depois dialisado contra este mesmo tampão durante uma noite a 4°C.

×O extrato dialisado foi então cuidadosamente introduzido numa coluna de celulose DEAE (3 20 cm) previamente equilibrada com tampão fosfato (30 mM, pH 7,4). Nestas condições de pH e de força iónica, os anticorpos policlonais de galinha (IgY), carregados negativamente, aderem à coluna. A coluna foi lavada cuidadosamente com tampão fosfato (30 mM, pH 7,4) antes de ser eluída utilizando um gradiente linear de 30 a 300 mM de tampão fosfato (pH 7,4) a um caudal de 10 ml/h. As fracções recuperadas (2 ml) foram então analisadas por eletroforese, ensaio de proteínas e ELISA.

O quadro 3 mostra um exemplo dos rendimentos obtidos para as diferentes fases de purificação da IgY total. Os valores indicados são as médias obtidas para a purificação de IgY total de duas galinhas imunizadas com o mesmo imunogénio.

As actividades indicadas no quadro 4 são expressas em unidades ELISA por unidade de volume (atividade) ou por quantidade de proteína (atividade específica).

Tabela 4: ***Purificação de IgY total a partir de gemas de ovos***

	Volume (*ml*)	**Concentração proteína** (*mg/ml*)	**Proteína totais** (*mg*)	**Atividade** (*U/ml*)	**Atividade específica** (*U/mg*)	**Atividade total** (*U*)	**Fator de purificação** (*vezes*)	**Rdt** (*%*)
EB	120	-	-	-	-	-	-	-
PEG	20	160,24	3204,75	65,21	0,407	1304,33	1	100
DEAE	32	15,04	481,28	29,43	1,956	941,38	4,8	72,1

EB: Extrato bruto
PEG: precipitação fraccionada com PEG 6000 (3,5 - 12%)
DEAE : Cromatografia de permuta iónica (DEAE celulose)

3-3. Análise bioquímica por Dot-Blot

Esta análise foi efectuada qualitativamente para destacar a presença de anticorpos anti-progesterona e para avaliar a sua afinidade pela progesterona. Envolveu os extractos de IgG total e de IgY total.

Os ensaios foram efectuados em membranas de nitrocelulose, utilizando como antigénios a progesterona acoplada a BSA (imunogénica) e a progesterona acoplada a KLH. É de salientar que o acoplamento da progesterona com KLH foi efectuado utilizando o mesmo protocolo que descrevemos para o acoplamento desta hormona com BSA (método ativado por éster). O antigénio resultante deste acoplamento "progesterona - KLH" é utilizado para avaliar a presença de anticorpos específicos da progesterona.

Os resultados obtidos, apresentados no quadro 5, demonstram claramente a produção de anticorpos policlonais anti-progesterona em todos os animais imunizados (coelhos e galinhas).

Quadro 5: ***Análise Dot-Blot dos extractos de anticorpos preparados***

		Premune		Extrato imunitário
Coelho (IgG)	**A** **B**	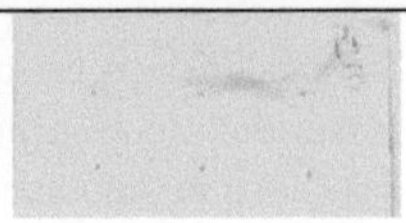	**A** **B**	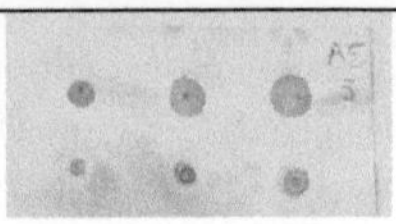
Galinha (IgY)	**A** **B**		**A** **B**	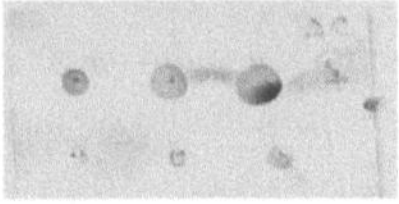

Série A: o antigénio utilizado é a "progesterona-BSA".
Série B: o antigénio utilizado é a "progesterona-KLH".

III - PURIFICAÇÃO DE ANTICORPOS ANTI-PROGESTERONA

Os anticorpos anti-progesterona foram purificados a partir de extractos de anticorpos (IgG total e IgY total) por cromatografia de afinidade utilizando o gel de agarose Affigel 10 (Biorad) como suporte e a progesterona como ligando.

1. Ativação do suporte de cromatografia

A ativação do suporte cromatográfico pela progesterona foi efectuada de acordo com o seguinte protocolo: 5 ml de gel de agarose (Affigel 10) em 5 ml de isopropanol foram incubados com 60 µl de etilenodiamina em 300 µl de DMF durante 30 minutos à temperatura ambiente, com agitação suave. $_2$Esta fase envolve a substituição dos grupos NHS no Affigel por uma cadeia lateral com um grupo amina primária (-NH). Depois de várias lavagens, o gel foi levado a igual volume em isopropanol. O ligando (um derivado de progesterona funcionalizado com carboxilo) foi então acoplado ao suporte utilizando o mesmo protocolo descrito acima para acoplar a progesterona à BSA (método ativado por éster).

2. Purificação de anticorpos específicos da progesterona

Os extractos que contêm os anticorpos policlonais a purificar (IgG total ou IgY total) são incubados com o gel *ativado por lotes* durante uma noite a 4°C, com agitação suave. Após lavagem do gel introduzido numa coluna (1 × 10 cm) com PBS, a eluição foi efectuada com uma solução de glicina 0,1 M (pH 2,5). As fracções (1 ml) contendo os anticorpos anti-progesterona foram recuperadas em tubos contendo 100 µl de solução Tris-HCl (1 M, pH 9) (Figura 23).

A coluna pode ser reutilizada cerca de 10 vezes após regeneração com uma solução de glicina (0,1 M, pH 2,5) seguida de uma lavagem com PBS. A coluna é armazenada na presença de um agente antimicrobiano (azida de sódio a 0,02%).

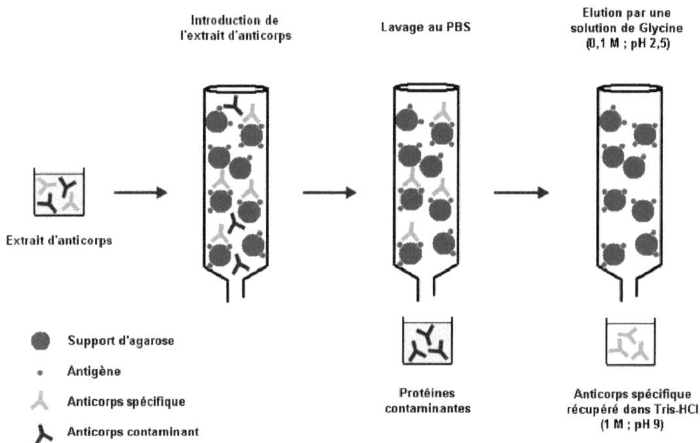

Figura 23. ***Representação esquemática das diferentes fases da purificação de anticorpos policlonais anti-progesterona por cromatografia de afinidade.***

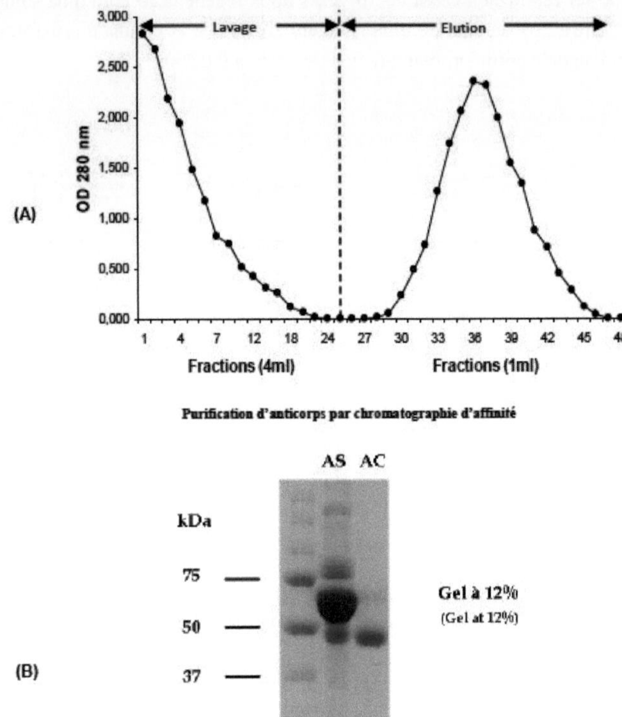

AS : Antisérum brut/ Crude antiserum (0,3 µl)
AC : Anticorps purifié/ Purified antibody (15µg)

Figura 24: ***Perfil de eluição dos anticorpos anti-progesterona de coelho (A) e perfil electroforético que mostra a pureza dos anticorpos purificados (B)***

A figura 24 mostra o perfil de eluição de anticorpos anti-progesterona (IgG) de coelho purificados numa coluna de cromatografia de afinidade. A pureza das fracções recuperadas após a eluição é verificada por eletroforese.

Os rendimentos da purificação são apresentados no Quadro 6. Os valores indicados representam as médias obtidas durante a purificação de extractos de anticorpos (IgG total) preparados a partir dos anti-soros de dois coelhos imunizados com o mesmo imunogénio.

Quadro 6: ***Purificação de anticorpos anti-progesterona a partir de extractos de IgG total***

	Volume (ml)	Concentração proteína (mg/ml)	Proteína totais (mg)	Atividade (U/ml)	Atividade específica (U/mg)	Atividade total (U)	Fator de purificação (vezes)	Rend. (%)
EG	26	9,24	240,24	17,03	1,843	442,76	1	100
CA	12	1,12	13,44	28,92	25,820	347,02	14	78,3

EG: Extrato de IgG total
CA: Cromatografia de afinidade

Tal como acontece com os extractos de IgG, os extractos de IgY foram purificados para recuperar os anticorpos específicos da progesterona produzidos na galinha. Para tal, utilizámos o mesmo protocolo descrito anteriormente para a purificação de IgG anti-progesterona.

A figura 25 mostra o perfil de eluição dos anticorpos anti-progesterona (IgY) de galinha purificados na coluna de cromatografia de afinidade. A verificação da pureza das fracções recuperadas após a eluição é efectuada, como referido anteriormente, por eletroforese.

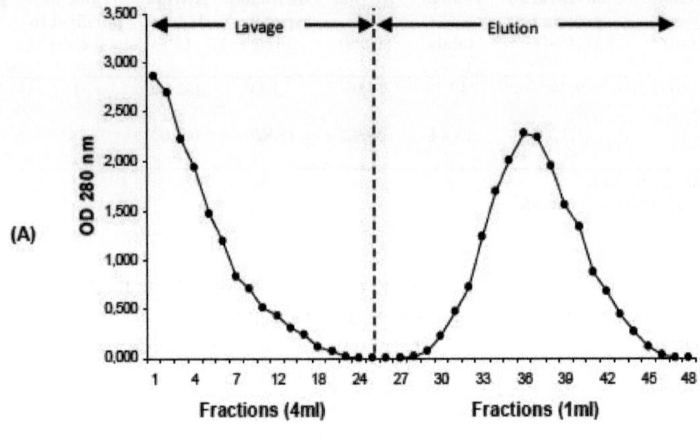

Purification d'anticorps par chromatographie d'affinité

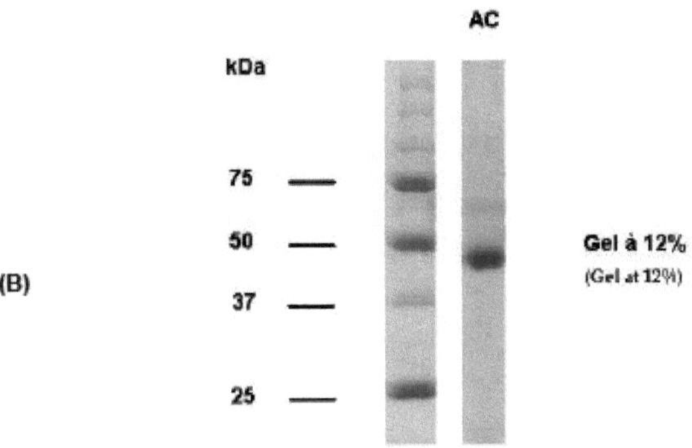

AC : Anticorps purifié/ Purified antibody (15µg)

Figura 25: *Perfil de eluição dos anticorpos anti-progesterona de galinha (A) e perfil electroforético que mostra a pureza dos anticorpos purificados (B)*

Os rendimentos da purificação são apresentados no Quadro 7. Os valores indicados representam as médias obtidas na purificação de extractos de anticorpos (IgY total) de duas galinhas imunizadas com o mesmo imunogénio.

Quadro 7: *Purificação de anticorpos anti-progesterona a partir de extractos de IgY total*

Volume (*ml*)	**Concentração proteína** (*mg/ml*)	**Proteína totais** (*mg*)	**Atividade** (*U/ml*)	**Atividade específica** (*U/mg*)	**Atividade total** (*U*)	**Fator de purificação** (*vezes*)	**Rend.** (*%*)

EY	25	10,57	264,25	18,95	1,792	473,53	1	100
CA	12	1,46	17,52	30,01	17,680	309,75	9,8	65,4

EY: Extrato de IgY total
CA: Cromatografia de afinidade

Os vários anticorpos policlonais anti-progesterona purificados desta forma (IgG e IgY) foram misturados com azida de sódio a 0,02% (p/v) e depois armazenados em alíquotas a
-20°C até à sua utilização. Serão posteriormente utilizados no desenvolvimento de kits de imunoensaio de progesterona.

Além disso, para avaliar a afinidade e a especificidade destes anticorpos policlonais anti-progesterona produzidos localmente, estão em curso ensaios para estudar as reacções cruzadas entre estes anticorpos e um certo número de compostos que apresentam analogias estruturais com a progesterona (testosterona, cortisol, estradiol, pregnenolona, desoxicorticosterona, 5 β-dihidroprogesterona, 6 β-dihidroprogesterona, 20 α-dihidroprogesterona, 16 α-hidroxiprogesterona, 17 α-hidroxiprogesterona).

Esperamos também que este estudo realce o valor da utilização de anticorpos policlonais de galinha (IgY) para aumentar a especificidade e a sensibilidade dos sistemas de imunoensaio destinados a serem utilizados em mamíferos, como é o caso do sistema de ensaio que estamos atualmente a desenvolver.

PARTE 2: PREPARAÇÃO E VALIDAÇÃO DA GAMA PADRÃO LOCAL DE PROGESTERONA

A gama padrão é um componente essencial de um kit de imunoensaio. É constituída por soluções padrão com uma concentração conhecida de antigénio (analito). Estes padrões são utilizados para desenhar uma curva de calibração a partir da qual se pode efetuar uma extrapolação para determinar a concentração desconhecida de uma amostra.

Os padrões são geralmente preparados numa matriz que não contém a substância a ser testada (antigénio). Esta matriz deve reproduzir exatamente as condições em que se encontra o antigénio a ser testado. A gama de concentrações dos padrões pode variar de uma gama de padrões para outra. No entanto, esta gama deve imperativamente abranger valores fisiológicos e/ou patológicos (Lupi-Chen *et al.*, 1999).

Nesta parte do nosso trabalho, descrevemos a preparação de um padrão de progesterona para utilização na determinação específica desta hormona em caprinos. Esta gama padrão, preparada localmente, foi validada metodologicamente em relação a uma gama padrão comercial.

I - PREPARAÇÃO DA MATRIZ

1. Escolha da matriz

As matrizes utilizadas para preparar os padrões de progesterona diferem de um fabricante para outro. No entanto, a maioria dos kits de imunoensaio de progesterona existentes no mercado utiliza fluido fisiológico humano (soro ou plasma) como matriz.

Estes kits são perfeitamente adequados para o imunoensaio da progesterona em seres humanos, mas não tanto em animais. De facto, embora possam existir semelhanças entre os fluidos fisiológicos humanos e animais, estes continuam a ser ambientes diferentes, o que pode explicar o ruído de fundo e as interferências frequentemente encontrados quando se utiliza um kit de imunoensaio de progesterona humana para medir esta hormona em animais.

Consequentemente, a escolha da matriz deve ser ditada pelo ambiente de reação do antigénio a ser testado (pH, força iónica, composição proteica, etc.) e, por conseguinte, pela natureza da aplicação desejada do sistema de ensaio a desenvolver.

Todas estas razões levaram-nos a utilizar o soro de cabra como matriz de ensaio para preparar a nossa gama padrão, dado que o sistema de imunoensaio que planeamos produzir é dedicado ao ensaio da progesterona em cabras. A escolha do bode deve-se ao facto de o seu soro conter muito menos progesterona do que o da cabra e exigir, portanto, um tratamento menos rigoroso.

2. Processamento de matrizes

2-1. Depleção de soro

Esta técnica consiste em eliminar todos os vestígios de esteróides contidos no soro por adsorção física em carvão ativado. Elimina igualmente certas proteínas que podem complexar os esteróides. Trata-se de uma etapa essencial na preparação da matriz para o ensaio da progesterona ou de hormonas esteróides semelhantes.

2-2. Materiais necessários

Reagentes	*Equipamento especial*
- Carvão ativado em pó	- Equilíbrio
- Membrana de filtração (0,6 - 0,1 μm)	- Agitador de duas vias
- Reagente de Bradford	- Sistema de filtragem (Millipore)
- Albumina de soro bovino (BSA)	- Centrifugadora
- Kit de ensaio RIA para progesterona	- Contador de gama

2-3. Protocolo experimental

O soro de cabra (gentilmente cedido pelo nosso parceiro INRA em Tânger) foi esgotado utilizando carvão ativado a uma taxa de 5 g / 100 ml (p/v) durante 48 h a 4°C. ×Após centrifugação a 9.000 *g* durante 30 min, o sobrenadante foi sucessivamente filtrado através de membranas de 0,6, 0,4, 0,2 e 0,1 μm para remover todas as partículas finas do carvão.

A concentração proteica do soro empobrecido é determinada pelo método de Bradford, utilizando a BSA como proteína padrão. A ausência de vestígios de progesterona é verificada por radioimunoensaio direto do extrato obtido (soro empobrecido).

Os resultados obtidos (quadro 8) demonstram a eficácia do protocolo de depleção utilizado, uma vez que nos permitiu preparar um soro de cabra isento de progesterona e de qualquer outro esteroide que pudesse interferir com o ensaio. Este soro constituirá assim a matriz que utilizaremos para preparar a nossa gama de padrões.

Quadro 8: ***Características do soro de cabra antes e depois da depleção***

	Concentração de proteínas (mg/ml)	*Concentração de progesterona (ng/ml)*
Soro em bruto	94,51	0,182
Soro empobrecido	72,38	0,000

II - PREPARAÇÃO DA GAMA-PADRÃO DE PROGESTERONA

1. Preparação dos padrões

$_3$Os padrões foram preparados em soro de cabra empobrecido (matriz) contendo azida de sódio (NaN) 10 mM a partir de uma solução-mãe de progesterona em etanol (30 mg em 100 ml), cuja concentração foi verificada espectrofotometricamente a 248 nm. $\varepsilon_p^{248nm-1-}$ ^{1}O coeficiente de extinção molar utilizado foi o da progesterona (= 14400 M cm).

A partir desta solução-mãe, foram preparadas três diluições em cascata 1:10 utilizando misturas (água destilada/etanol) com proporções volumétricas de (1:1), (9:1) e (1:0), respetivamente. As concentrações destas três soluções diluídas foram depois verificadas espectrofotometricamente a 248 nm. Estas soluções foram os pontos de partida para a preparação dos vários padrões da nossa gama de padrões, cujas concentrações são apresentadas na Tabela 9.

Quadro 9: ***Concentrações-alvo para as normas da gama de normas locais progesterona***

Normas	S_0	S_1	S_2	S_3	S_4	S_5	S_6
[Progesterona]. (ng/ml)	0,000	0,390	0,800	1,640	5,300	15,90	30,00

2. Determinação da progesterona e calibração dos padrões

As concentrações de progesterona nos padrões preparados localmente foram então avaliadas utilizando o kit de radioimunoensaio "PROG-RIA-CT KIP1458" da Diasource (Figura 26), seguindo as instruções fornecidas pelo fabricante.

Desta forma, a progesterona contida nos padrões (da gama de padrões locais ou da gama de padrões comerciais) compete com a progesterona marcada com iodo-125 contra um determinado e limitado número de anticorpos anti-progesterona.

No final do período de incubação, a quantidade de progesterona marcada ligada ao anticorpo é inversamente proporcional à quantidade de progesterona não marcada presente na amostra. A metodologia proposta para a separação das fracções livres e ligadas utiliza tubos revestidos com anticorpos.

Os resultados obtidos, após a medição da radioatividade ligada aos tubos revestidos com um cintilador gama, foram utilizados para verificar e calibrar os diferentes padrões da nossa gama de padrões antes de a qualificar e validar.

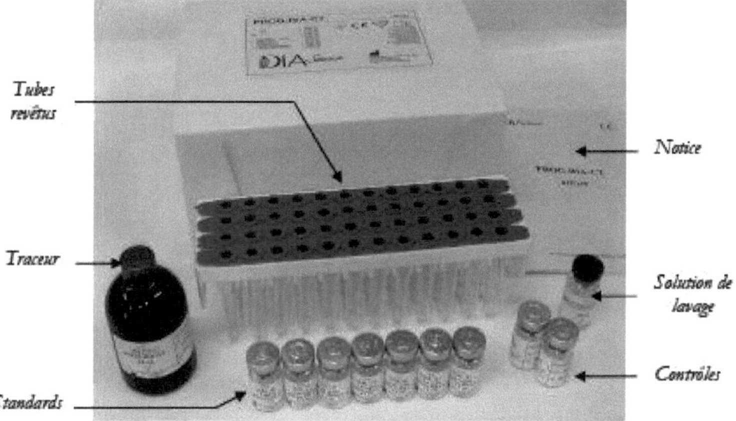

Figura 26: ***Componentes do kit de radioimunoensaio da progesterona***
(PROG-RIA-CT KIP1458, Diasourse)

III - VALIDAÇÃO DA GAMA-PADRÃO DE PROGESTERONA

A validação metodológica da gama padrão, preparada localmente, foi efectuada em comparação com a gama padrão comercializada com o kit de radioimunoensaio de progesterona da Diasource (PROG-RIA-CT KIP1458).

1. Definição de validação

A validação é uma operação que consiste em demonstrar que qualquer processo ou procedimento utilizado para o ensaio de um produto conduz efetivamente ao resultado esperado. É definida como: a confirmação, por exame e fornecimento de provas objectivas, de que os requisitos específicos para uma determinada utilização pretendida foram cumpridos (Caporal-Gautier *et al.*, 1992).

2. Critérios de validação

A validação de uma gama de padrões é efectuada em conformidade com as normas internacionais (Caporal-Gautier *et al.*, 1992; Albrecht *et al.*, 2004), utilizando um certo número de critérios de validação que são funcionais ou estatísticos:

- *Critérios funcionais*: sensibilidade, seletividade e especificidade
- *Critérios estatísticos*: linearidade, fidelidade, exatidão e limite de deteção

Estes parâmetros definem a capacidade da gama padrão para fornecer resultados exactos e consistentes em condições de funcionamento específicas. Os critérios de validação habituais são (Dutruc-Rosset, 1999):

- Especificidade - seletividade
- Fidelidade (repetibilidade e reprodutibilidade)
- O intervalo de confiança
- Exatidão
- Linearidade
- A função de resposta

2-1. Lealdade

De acordo com a nota explicativa III/844/87 da CEE, elaborada em 1989, a precisão exprime a proximidade de concordância (grau de dispersão) entre uma série de medições efectuadas a partir de várias amostras do mesmo material homogéneo em condições prescritas. A fidelidade fornece uma indicação dos erros devidos ao acaso. Inclui dois parâmetros:

a- Repetibilidade (exatidão)

Exprime a fidelidade em condições idênticas, conhecidas como condições de repetibilidade: mesmo analista, mesmo equipamento, mesmos reagentes, num curto intervalo de tempo. A repetibilidade ou precisão é um parâmetro de dispersão que exprime a variabilidade mínima de um procedimento analítico (Fabre, 1999, Albrecht *et al.*, 2004). A repetibilidade é geralmente expressa pelo desvio-padrão relativo RSD da repetibilidade (ou coeficiente de variação intra-ensaio):

$$CV = RSD = \frac{S}{x} \times 100$$

✓ $\sqrt{\frac{\sum(xi-\bar{x})^2}{n-1}}$ *Desvio-padrão reduzido (S) ou desvio-padrão (SD): S =*

✓ *²Variância no interior do ensaio: S =* $\frac{\sum(xi-\bar{x})^2}{n-1}$

com :

i x : valor individual
$\bar{x}$ *média dos valores individuais*
n : número de medições ou ensaios

b- Reprodutibilidade (precisão intermédia)

Exprime a precisão em diferentes condições: analistas, equipamentos, laboratórios, reagentes, dias (os valores individuais são recolhidos durante pelo menos 3 dias). A reprodutibilidade é um parâmetro de dispersão que exprime a variabilidade máxima de um procedimento analítico (Caporal-Gautier *et al.*, 1992). $\bar{x}$ A reprodutibilidade é expressa de forma semelhante à repetibilidade, ou seja, pelo desvio-padrão relativo RSD da reprodutibilidade em comparação com a média dos valores individuais.

c- Condições mínimas

- *Repetibilidade: $n = 6$; sendo n as diferentes medições efectuadas em cada ponto.*
- *Reprodutibilidade: $k = 3$, sendo k os diferentes grupos de ensaio.*

d- Conceção experimental

São efectuados pelo menos *k* grupos de *n* ensaios; experimentalmente, o ensaio é realizado por 3 manipuladores diferentes ($k = 3$) em 3 dias diferentes, efectuando 6 medições ($n = 6$) (quadro 10) :

Quadro 10: ***Condições experimentais para a validação metodológica***

	Grupos de teste		
	Dia 1	**Dia 2**	**Dia 3**
	Grupo 1 = Operador 1	**Grupo 2 = operador 2**	**Grupo 3 = operador 3**
Testes	Y_{11}	Y_{12}	Y_{13}
	Y_{21}	Y_{22}	Y_{23}
	...	...	...
	Y_{61}	Y_{62}	Y_{63}

e- Determinação e cálculo dos critérios de fidelização

$_j^2{}_r^2{}^2{}_g^2$As diferentes variâncias (intra-ensaio S , repetibilidade S , reprodutibilidade SR , intergrupo S) são utilizadas para calcular os coeficientes de variação intra-ensaio e inter-ensaio, que são utilizados para estimar a repetibilidade e a reprodutibilidade, respetivamente:

$_j^2$** **Variância intra-ensaio S :*** ou dispersão dentro de cada grupo de medição:

$$_j^2S = \frac{\sum_{i=1}^{n_j}(Y_{ij}-m_j)^2}{n_j-1}$$

com :

$_jS$: *desvio padrão no grupo j*
i : *índice do valor individual no grupo j*
j *índice do grupo (1, 2, 3)*
$_{ij}$ *valor bruto* dependente
$_j$ *média do grupo j*
$_j$ *n : número de medições no grupo*
$_jn$ *-1: número de graus de liberdade (ddl)*

$_r^2$*** Variância de repetibilidade S :**

$$_r^2 \frac{\sum_{j=1}^{k}\left[(n_j-1)\times S_j^2\right]}{(\sum_{j=1}^{k} n_j)-k} {}_jS = ; k = 3 ; n = 6$$

$_r^2$No caso de todos os grupos efectuarem o mesmo número de medições (n = 6), a variância da repetibilidade é escrita como: $S = \frac{\sum_{j=1}^{k} S_j^2}{k}$

$_g^2$*** Variância intergrupos S :**

É dada pela seguinte fórmula, no caso de todos os grupos efectuarem o mesmo número de medições (n = 6): $_g^2 \frac{\sum_{j=1}^{k}(m_j-\bar{m})^2}{k-1} S = - \frac{S_r^2}{n}$

com :

$_r^2$ *S : variância da repetibilidade*
$_j$ *m : média para o grupo j*
$\bar{m}$ *média das médias dos k grupos*

$_R^2$*** Variância de reprodutibilidade S :**

Inclui tanto a variância da repetibilidade como a variância intergrupos. $_R^2{}_r^2$É dada pela fórmula: $S = S + S_g^2$

$_r$*** *Coeficiente de variação da repetibilidade (intra-ensaio) CV :*** $CV = \frac{S_r}{\bar{m}} \times 100$

$_{RR}$*** *Coeficiente de variação da reprodutibilidade (inter-ensaio) CV :*** $CV = \frac{S_R}{\bar{m}} \times 100$

$_{rR}$Os limites de aceitação dos coeficientes de variação (CV e CV) são da ordem dos 10% (Jardy e Vial, 1999).

2-2. Precisão

A exatidão exprime a proximidade da concordância entre o valor experimental e o valor de referência aceite. Combina a exatidão e a precisão. A exatidão fornece uma indicação dos erros sistemáticos. O resultado pode ser expresso como uma percentagem de recuperação em relação a quantidades conhecidas. A percentagem de recuperação é dada pela seguinte fórmula:

$$_{m}R\,(\%) = \frac{C_{\exp}}{C_{th}} \times 100$$

com :

exp C : concentração experimental da solução
th concentração teórica da solução

Deve situar-se entre 80 e 120% do valor teórico a determinar, ou seja, a concentração de cada padrão na gama de padrões.

2-3. Intervalo de confiança

Juntamente com o desvio padrão e o coeficiente de variação, o intervalo de confiança deve ser determinado para cada concentração.

$\left[\overline{m} - 2\frac{SD}{\sqrt{n}}, \overline{m} + 2\frac{SD}{\sqrt{n}}\right]$ O intervalo de confiança é dado por: ; *t = 2*

com :

$\overline{m}$ *média*
n número de medições
DP: desvio padrão

2-4. Linearidade

A linearidade de uma gama padrão é a sua capacidade de, dentro de um determinado intervalo, fornecer resultados que são diretamente proporcionais à concentração da substância que está a ser medida na amostra. Esta capacidade é expressa pelo coeficiente de correlação. Ao traçar um gráfico das concentrações medidas do padrão local contra as do padrão comercial, pode estabelecer-se uma relação estatística entre as concentrações dos dois padrões. Esta correlação pode ser ausente, linear ou não linear e é expressa pelo coeficiente de correlação *R*, que é dado pela fórmula e pode ser deduzido da reta de regressão :

$$\frac{\frac{1}{n}\sum_{i=1}^{n}(x_i - \overline{x})(y_i - \overline{y})}{\sqrt{\sum(x_i - \overline{x})^2 \sum(y_i - \overline{y})^2}} \text{R = ; } n = 6$$

com :

x_i : *índice do valor individual da concentração teórica de progesterona da gama padrão desenvolvida localmente*
y_i : *índice do valor individual da concentração experimental de progesterona da gama padrão desenvolvida localmente*

-1 ≤ R ≤ 1 no caso geral
R = ±1 no caso de uma relação linear exacta
R = 0 na ausência de uma relação linear

2-5. Função de resposta

A função de resposta exprime, dentro do intervalo de ensaio, a relação entre a resposta e a concentração da substância na amostra.

3. Resultados da validação da gama padrão local para a progesterona

Três manipuladores representando 3 grupos diferentes (1, 2 e 3) efectuaram o ensaio de cada padrão 6 vezes. As condições mínimas exigidas para a validação da nossa gama de padrões locais foram assim satisfeitas (k=3; n=6).

Para todos os ensaios efectuados, a gama de padrões comerciais permitiu obter uma percentagem total de marcador ligado na ausência de progesterona (B0/T) entre 40 e 50% (condição *sine qua non para a* validade do ensaio). A curva padrão obtida está correcta (figura 27) e os controlos internos estão incluídos nas gamas experimentais definidas pelo fabricante.

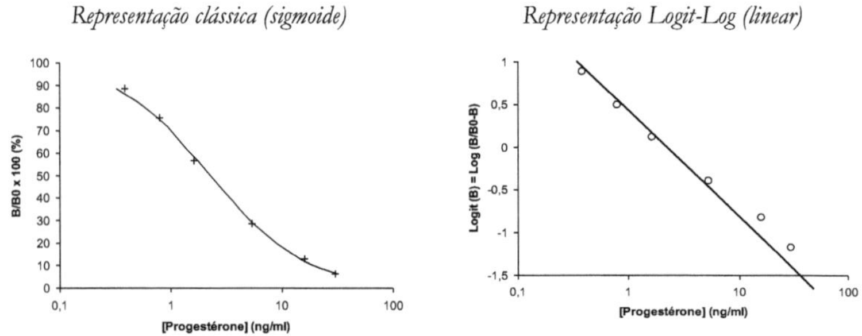

Figura 27: ***Curva de calibração para o kit comercial de ensaio da progesterona***
PROG-RIA-CT KIP1458 da Diasource

Esta curva de calibração, que representa a percentagem de ligação do traçador em função da concentração de progesterona (Figura 27), permitiu estimar a concentração desta hormona nos diferentes padrões da nossa gama de padrões locais. Os resultados brutos obtidos são apresentados na Tabela 11.

Quadro 11: ***Resultados brutos da determinação da progesterona nas várias normas da gama de normas locais***

	S_0	S_1	S_2	S_3	S_4	S_5	S_6
Grupo 1	0,000	0,414	0,790	1,733	6,092	15,77	31,18
	0,000	0,330	0,925	1,886	5,843	15,74	30,78
	0,000	0,324	0,899	1,742	5,991	15,91	31,07
	0,000	0,408	1,017	1,743	5,932	15,45	30,30
	0,000	0,384	0,945	1,801	6,016	15,13	31,15
	0,000	0,351	0,827	1,820	5,765	15,37	29,81
Grupo 2	0,000	0,372	0,761	1,688	6,222	14,91	29,88
	0,000	0,402	0,743	1,778	5,287	15,54	29,45
	0,000	0,342	0,848	1,630	6,126	14,69	30,03
	0,000	0,351	0,877	1,715	5,720	14,08	30,11
	0,000	0,354	0,907	1,697	6,308	15,30	27,86
	0,000	0,417	0,795	1,753	5,851	15,30	29,30
Grupo 3	0,000	0,357	0,908	1,769	5,118	15,00	25,71
	0,000	0,348	0,890	2,053	5,208	16,01	31,12
	0,000	0,363	0,907	2,186	5,213	14,70	29,57
	0,000	0,405	0,903	1,891	5,093	15,16	29,74
	0,000	0,399	0,951	1,952	5,597	14,20	30,36
	0,000	0,423	0,853	2,091	4,994	14,38	26,59

Os valores representam concentrações em ng/ml.

As concentrações efectivas de progesterona dos padrões na nossa gama de padrões foram assim calculadas. Os valores médios obtidos são apresentados com as concentrações esperadas no Quadro 12.

Com base nestes resultados, foram determinados os vários critérios de fidelidade para a gama padrão local de progesterona. Estes critérios são apresentados no quadro 13.

Quadro 12: ***Concentrações médias de progesterona nos vários padrões***

da gama padrão local

	Concentração média (ng/ml)			Concentração obtido (ng/ml)	Concentração esperado (ng/ml)
	Grupo 1	Grupo 2	Grupo 3		
S_0	0,000	0,000	0,000	0,000	0,000
S_1	0,369	0,373	0,383	0,374	0,390
S_2	0,900	0,821	0,902	0,874	0,800
S_3	1,787	1,710	1,990	1,820	1,640
S_4	5,939	5,919	5,203	5,687	5,300
S_5	15,56	14,97	14,90	15,14	15,90
S_6	30,71	29,43	28,84	29,66	30,00

Quadro 13: ***Critérios de fidelidade para a gama de normas locais progesterona***

	S_r^2	S_g^2	S_R^2	$_r$CV (%)	$_R$CV (%)	$_m$R (%)
S_0	-	-	-	-	-	-
S_1	0,001124	-0,000136	0,000987	8,949	8,389	96,06
S_2	0,004026	0,001431	0,005458	7,253	8,445	109,34
S_3	0,009612	0,019333	0,028946	5,359	9,300	111,54
S_4	0,067971	0,164270	0,232241	4,584	8,473	107,31
S_5	0,263904	0,086135	0,350039	3,392	3,906	95,26
S_6	1,916287	0,591022	2,507310	4,666	5,337	98,89

com

$_r^2$ *variância de repetibilidade*
$_g^2$ *variância intergrupos*
$_R^2$ *variância de reprodutibilidade*
$_r$ *coeficiente de variação intra-ensaio*
$_R$ *coeficiente de variação entre ensaios*
$_m$ *taxa média de recuperação que exprime a exatidão*

Verificámos que :

✓ $_{rR}$Os coeficientes de variação da repetibilidade e da reprodutibilidade (*CV* e *CV*), calculados para os diferentes padrões da nossa gama de padrões locais, não excedem o limite de aceitação, que é de cerca de 10%. Isto demonstra a homogeneidade das variâncias entre os 3 grupos de medições e também dentro de cada grupo.

✓ $_1$O valor da variância intergrupos da norma S é negativo. $_g^2$Isto ocorre quando a variância intergrupos (S) não é significativa em comparação com a variância de repetibilidade. Por conseguinte, este valor pode ser reposto a zero.

✓ $_m$As taxas de recuperação (R) que exprimem a exatidão situam-se entre 80 e 120% para todos os padrões da nossa gama de padrões. Consequentemente, as diferenças registadas entre as concentrações reais de progesterona e as esperadas nos padrões não são significativas.

O padrão local de progesterona foi assim validado estatisticamente. A tabela 14 mostra as concentrações médias e os intervalos de confiança dos vários padrões nesta gama de padrões validados.

Quadro 14: ***Concentrações e intervalos de confiança para os vários padrões na gama padrão local de progesterona***

	$\overline{m}$ *(ng/ml)*	SD	$\left[\overline{m}-2\frac{SD}{\sqrt{n}},\overline{m}+2\frac{SD}{\sqrt{n}}\right]$
S_0	0,000	0,000	[0,000 - 0,000]
S_1	0,374	0,032	[0,359 - 0,389]
S_2	0,874	0,070	[0,841 - 0,908]
S_3	1,829	0,152	[1,757 - 1,901]
S_4	5,687	0,428	[5,485 - 5,889]
S_5	15,14	0,56	[14,87 - 15,41]
S_6	29, 66	1,52	[28,94 - 30,38]

com :

$\overline{m}$ *média*
n: número de medições
DP: desvio padrão

Para uma maior precisão, a linearidade da nossa gama de padrões locais de progesterona foi verificada através da avaliação da correlação entre esta gama e a do sistema de referência com o qual foi validada. Os resultados obtidos são apresentados na figura 28.

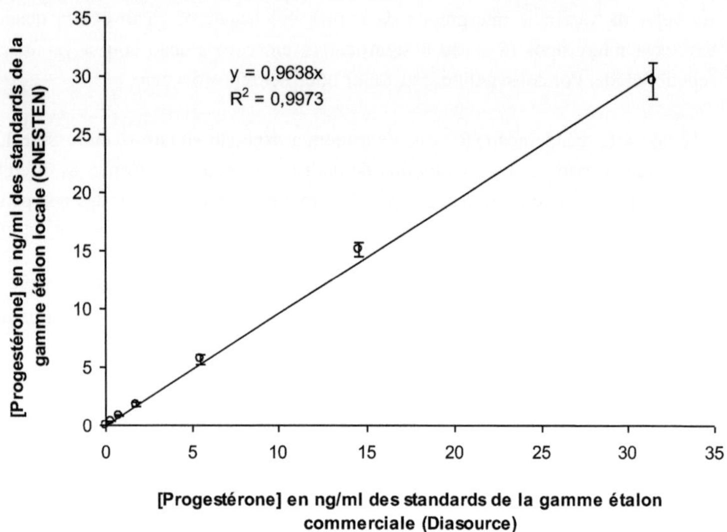

Figura 28: *Correlação entre a gama padrão local e a gama padrão comercial (Diasource) para a progesterona*

Estes resultados mostram uma correlação linear entre as concentrações da gama-padrão local de progesterona e as da gama-padrão comercial (Diasource). Esta linearidade é confirmada pela curva de correlação, que apresenta uma linha reta com a equação: "$y = 0,964\,x$". ^{2}O valor de R é avaliado em 0,99, o que indica uma linearidade perfeita.

Após a validação da nossa gama local de padrões de progesterona, os vários padrões que a compõem são armazenados em alíquotas a -20°C até à sua utilização. Estão atualmente em curso ensaios para estudar a estabilidade desta gama de padrões em diferentes condições de armazenamento e manuseamento.

PARTE 3: PREPARAÇÃO DE MARCADORES RADIOACTIVOS PARA A PROGESTERONA

A maioria dos imunoensaios utiliza marcadores para revelar o complexo imunitário formado por "antigénio - anticorpo". Estes marcadores são entidades quimicamente ligadas (covalentemente ou não) a uma molécula de antigénio (ou de anticorpo) e que emitem um sinal quantitativamente mensurável. O marcador resultante desta associação deve comportar-se da mesma forma que o ligando (antigénio ou anticorpo); por outras palavras, deve conservar as mesmas propriedades físico-químicas e imunológicas após a marcação.

Nos imunoensaios são utilizados numerosos marcadores (Pelizzola *et al.*, 1995). Trata-se geralmente de isótopos radioactivos (no caso dos imunoensaios radioactivos) ou de enzimas (no caso dos imunoensaios enzimáticos). No entanto, os radioisótopos continuam a ser os marcadores mais frequentemente utilizados devido à sua elevada sensibilidade, à sua predisposição para a automatização e, sobretudo, à sua facilidade de utilização (Basu *et al.*, 2003).

Num radioimunoensaio, a concentração do antigénio marcado (marcador) é determinada utilizando um contador gama (RIA-STAR ou outro) capaz de medir o sinal emitido pelo radioisótopo utilizado na marcação (iodo-125 ou outro). Além disso, a escolha do radioisótopo e a forma como é acoplado e marcado com o antigénio dependerá das aplicações previstas para o sistema de ensaio a desenvolver.

Nesta parte do nosso trabalho, vamos portanto concentrar-nos na preparação de marcadores radioactivos de progesterona. Estes traçadores, preparados através do acoplamento da progesterona com uma molécula radiomarcável e da marcação dos conjugados resultantes com iodo-125, farão parte do kit de radioimunoensaio que tencionamos produzir para medir esta hormona nos caprinos.

I - ESCOLHA DO RADIOISÓTOPO DE MARCAÇÃO

Um marcador num imunoensaio é uma entidade quimicamente ligada a um antigénio ou a uma molécula de anticorpo e que emite um sinal quantitativamente mensurável.

Os dois isótopos radioactivos são utilizados no fabrico de ligandos radiomarcados:

- Iodo 125 (125I)
- Trítio (3H).

1. Vantagens dos ligandos iodados

- O iodo 125 (Na125I) é uma molécula pouco dispendiosa com níveis de ionização relativamente baixos, mas com energia suficiente para que a radiação emitida seja mensurável.

- Os métodos de incorporação do iodo radioativo implicam uma química simples, acessível aos bioquímicos.

- A semi-vida do 125I (60 dias) é 73 vezes mais curta do que a do 3H (12,3 anos). Por cada 60 dias, a radioatividade específica dos resíduos iodados é reduzida para metade. Muito rapidamente, estes resíduos deixarão de ser radioactivos.

- A eficiência de conversão eletroquímica do 125I na película fotográfica é de 3-10% (dependendo do tipo de película), enquanto a do trítio é inferior a 1%. A imagem será obtida 200-500 vezes mais rapidamente com um ligando iodado do que com 3H.

2. Incorporação do radioelemento 125I na progesterona

A progesterona é uma molécula que não pode ser diretamente radiomarcada. Por conseguinte, é necessário associá-la a outra molécula facilmente radiomarcável, como o éster metílico da tirosina, a histamina ou a gama-globulina, antes da marcação (figura 29).

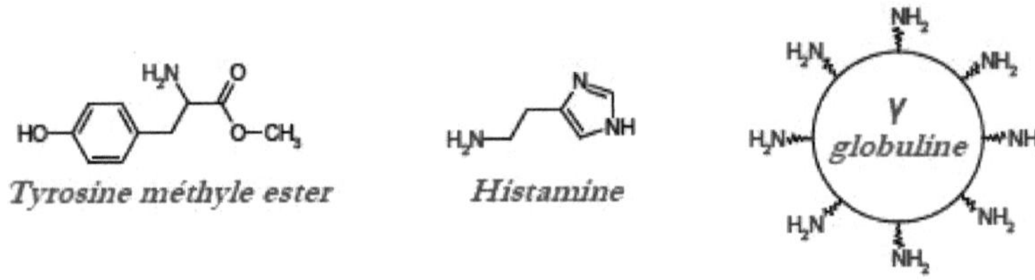

Figura 29: *Moléculas de acoplamento susceptíveis de serem marcadas com 125I*

O acoplamento será efectuado com derivados de progesterona sintetizados localmente (P11α-HS ou P3-CMO) utilizando o método "ativado por éster" ou o método "misturado com anidrido" com tributilamina e clorofórmio de isobutilo como reagentes (figura 30).

Optámos por utilizar a gama-globulina como molécula de acoplamento por várias razões: é uma proteína fácil de obter, menos dispendiosa, fácil de manusear e o seu protocolo de acoplamento é relativamente mais simples e rápido (método ativado por éster).

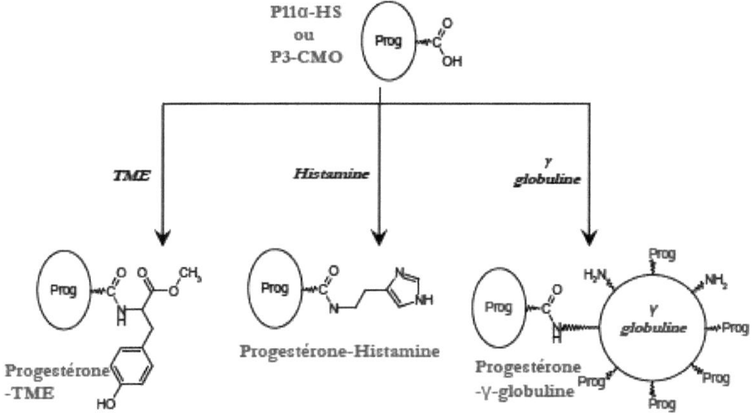

Figura 30: *Esquemas experimentais adoptados para as reacções de acoplamento*

II - ACOPLAMENTO DA PROGESTERONA COM A GAMA-GLOBULINA

Foram propostos vários métodos químicos para acoplar antigénios à gamaglobulina (Erlanger *et al.*, 1958; O'Rorke *et al.*, 1994; Basu *et al.*, 2003). Os melhores são aqueles que preservam o local de ligação do antigénio.

Estes métodos são frequentemente classificados em duas categorias: (i) acoplamento covalente direto, obtido por interação direta ou utilizando um reagente bifuncional que estabelece uma ponte covalente entre as duas entidades, e (ii) acoplamento indireto, que envolve duas moléculas com afinidade entre si, cada uma ligada por uma ponte covalente ao antigénio, por um lado, e à proteína, por outro (como no caso do sistema avidina-biotina).

No nosso caso, e para preparar marcadores radioactivos de progesterona, optámos por um acoplamento covalente direto entre a hormona e a proteína. Para tal, utilizámos o método "éster-ativado" seguindo um protocolo semelhante ao que adoptámos para a preparação dos imunogénios (ver Parte 1, parágrafo I-2).

Começámos por preparar derivados da progesterona activados por ésteres e, em seguida, associámos estes derivados activados por ésteres à gama-globulina.

1. Preparação de derivados activados por ésteres

Os derivados éster-activados da progesterona foram preparados de acordo com o mesmo protocolo descrito anteriormente para a preparação dos imunogénios. Cada um dos dois derivados carboxil-funcionais da progesterona sintetizados localmente (P11α-HS ou P3-CMO) permitiu-nos preparar um derivado éster-ativado desta hormona.

O protocolo experimental seguido consistiu em dissolver 12 mg (~ 0,031 mmol) do derivado carboxilfuncional da progesterona (P11α-HS ou P3-CMO) numa solução composta por 400 μl de dimetilformamida (DMF) e 400 μl de 1,4-dioxano. Em seguida, adicionam-se 200 μl de uma solução de água destilada (preparada de fresco) contendo 12 mg de *N-hidroxissuccinimida* (NHS) e 24 mg de cloridrato de 1-etil-3-(3-dimetil aminopropil) carbodiimida (EDAC-HCl). Após homogeneização, a mistura reacional foi deixada à temperatura ambiente com agitação suave durante a noite. ×A centrifugação a 15 000 *g* durante 5 minutos eliminou o precipitado de ureia-acilo formado e clarificou a solução que contém o derivado éster-ativado preparado.

2. Acoplamento com a gamaglobulina

Tal como no acoplamento BSA, cada derivado de progesterona ativado por éster em solução foi suavemente adicionado a 4 ml de uma solução contendo 10 mg (0,250 μmol) de gama-globulina em tampão de borato de sódio (0,1 M, pH 8) e mantido a 4°C num banho de gelo com agitação suave. A mistura de reação foi então incubada durante a noite a 4°C. $_3$O conjugado progesterona-gama globulina obtido foi dialisado durante uma noite a 4°C contra 2 x 5 l de tampão fosfato (0,010 M; pH 7,4) suplementado com 0,02% de azida de sódio (NaN). O volume da solução de diálise é então ajustado para 10 ml utilizando o mesmo tampão de diálise. Esta solução constituirá assim a solução-mãe do conjugado de progesterona.

Por fim, foram preparados dois marcadores radioactivos de progesterona. A diferença entre eles reside na posição de ligação da progesterona à gmma-globulina (3 ou 11). Estes dois marcadores (conjugados na posição 3 ou na posição 11) permitir-nos-ão utilizar os anticorpos produzidos a partir dos dois imunogénios (conjugados na posição 3 ou na posição 11) para comparar dois sistemas de imunoensaio da progesterona: um sistema homólogo e um sistema heterólogo.

III - PREPARAÇÃO DE MARCADORES RADIOACTIVOS

1. Incorporação do radioelemento 125I

Existem duas formas principais de incorporar o elemento de rádio 125I:

- Incorporação de 125I na proteína por substituição electrofílica direta.
- O 125I é ligado a um reagente químico que é depois enxertado nas moléculas a radiomarcadas.

Em ambos os casos, o iodo, na sua forma reduzida (NaI), reage com o grupo fenol de uma tirosina ou com a cadeia lateral de um resíduo de histidina. Estes grupos são primeiro oxidados com um agente oxidante.

Os diferentes agentes oxidantes utilizados :

- Cloramina T: um forte agente oxidante.
- Iodogénio: um oxidante suave.
- Lactoperoxidase: enzima que permite a oxidação controlada das tirosinas.

2. Reagentes de marcação

A quantidade de radioelemento incorporado varia consoante o tipo de ensaio e a percentagem de ligação visada. No caso da progesterona, em que o analito se encontra no soro, a metodologia de marcação é a seguinte

- A: 25 µg de anticorpo anti-TSH
- B: 0,5 mCi (18,5 mBq) de 125I em 10 µl de tampão fosfato 0,25 M, pH 7,4
- C: 2,5 µg de cloramina T em 10 µl de tampão fosfato 0,25 M, pH 7,4
- D: 2,5 µg de metabissulfito em 10 µl de tampão fosfato 0,25 M, pH 7,4

3. Como funciona

As soluções A, B e C foram misturadas por ordem. Após 90 segundos, foi adicionada a solução D, seguida de 200 µl de tampão fosfato 0,05 M, pH 7,4, contendo 2% de BSA.

Esta mistura é transferida para uma coluna PD10 (equilibrada com tampão fosfato 0,05 M, pH 7,4, contendo 2% de BSA durante 30 minutos). A eluição é efectuada com o mesmo tampão a 20-30 ml/h. As fracções de 0,5 ml são recuperadas e as que contêm radioatividade são agrupadas.

A coluna pode ser reutilizada lavando-a durante 2 h com água destilada contendo azida de sódio a 0,1%.

4. Resultado

Nesta secção, preparámos e avaliámos os marcadores, a fim de selecionar o conjugado (P11HS-GLOB ou P3CMO-GLOB) que deu os melhores resultados para o kit preparado localmente.

4-1. Purificação dos marcadores marcados com I125

Após a marcação e a purificação do marcador na coluna PD10 (ver parágrafo anterior), os perfis de eluição correspondentes a cada marcador são traçados medindo a taxa de radioatividade em coups/6S, colocando o tubo a 5 cm do contador gama. A figura (31) mostra os perfis de eluição para os 2 marcadores (P11HS-GLOB e P3CMO-GLOB).

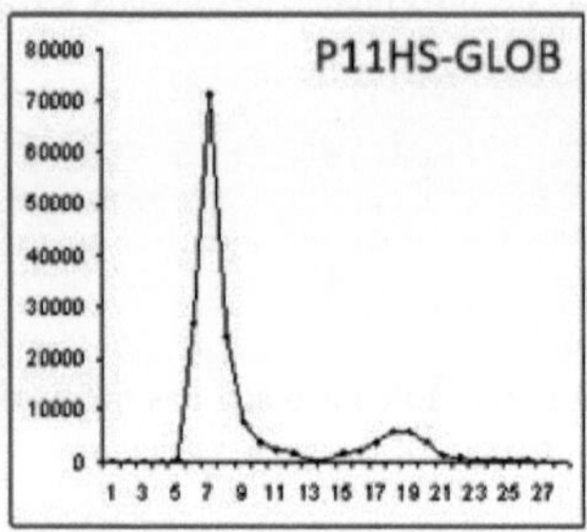

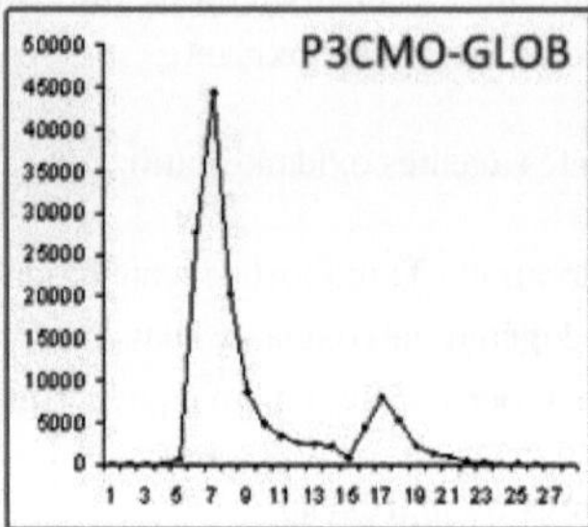

Figura 31: ***Radiocromatograma da eluição dos marcadores radioiodados***

Estes perfis revelam a presença de dois picos, um correspondente ao marcador e o outro ao iodeto livre. Os marcadores são eluídos primeiro no volume morto da coluna, enquanto o iodeto livre é eluído mais tarde.

4-2. Marcação de rendimentos

Os rendimentos de marcação são calculados para cada marcador:

$$Rdt = \frac{Radioactivité - Traceur}{Radioactivité - Totale} \times 100$$

Os rendimentos de marcação dos marcadores são apresentados no quadro 15:

Quadro 15: ***Rendimentos de marcação para marcadores de progesterona marcados com iodo-125***

Plotters	Eficiência de marcação (%)
P11αHS-GLOB	83
P3CMO-GLOB	85

P11aHS-HRP : 11α-hemisuccinato de progesterona - gamaglobulina
P3CMO-HRP : progesterona 3-(O-caroboximetil) oxima - gamaglobulina

Para os 2 marcadores marcados, obtivemos bons rendimentos superiores a 80%.

Para obter os marcadores mais puros possíveis, são recolhidas apenas 2 fracções com o nível mais elevado de radioatividade. Estas fracções serão calibradas e testadas quanto à imunoreactividade contra anticorpos revestidos no soro.

IV - CALIBRAÇÃO DE SOLUÇÕES DE MARCADORES RADIOACTIVOS

1. Protocolo experimental

- $_3$A partir da solução de reserva de cada marcador, preparámos uma série de 6 diluições em cascata 1:10 em tampão fosfato (0,010 M; pH 7,4) suplementado com 0,02% de azida de sódio (NaN).
- Incubar 200 µl de cada diluição durante 3 h à temperatura ambiente, com agitação suave, num tubo revestido com anticorpo anti-progesterona (Diasource).
- Para medir a radioatividade total (T), o mesmo volume (200 µl) de cada diluição foi incubado num tubo de poliestireno (Nunc) sem anticorpo. Estes tubos foram revelados diretamente sem lavagem.
- Os tubos revestidos foram então aspirados e lavados 3 vezes com tampão fosfato (0,010 M; pH 7,4).
- A leitura é efectuada imediatamente a seguir, utilizando um contador gama (RIA-STAR).

2. Resultados

Os resultados obtidos, em termos de contagens por minuto (B = CPM), são depois convertidos em percentagens de ligação em relação à radioatividade total registada para cada diluição (B0/T). Os valores obtidos são apresentados no quadro 16.

Quadro 16: ***Percentagens de ligação (B0/T) em diferentes diluições de marcadores de progesterona radioactivos preparados localmente (P11αHS-GLOB e P3CMO-GLOB)***

	Diluição do marcador					
	1/10	*1/100*	*1/1000*	*1/10000*	*1/100000*	*1/1000000*
P11αHS-GLOB	0,26	5,01	17,15	50,07	100	100
P3CMO-GLOB	0,14	2,89	12,63	48,98	97,12	100

P11aHS-HRP : 11α-hemisuccinato de progesterona - gamaglobulina
P3CMO-HRP : progesterona 3-(O-caroboximetil) oxima - gamaglobulina

Estes resultados mostram que, para os dois marcadores de progesterona radioactivos preparados localmente (P11αHS-GLOB e P3CMO-GLOB), a diluição adequada para utilização num sistema de radioimunoensaio competitivo seria 1/10000. Esta diluição deu-nos uma percentagem de ligação total (B0/T) de cerca de 50% para os dois marcadores testados separadamente.

$_{3}$As soluções de marcadores radioactivos de progesterona foram ajustadas para a diluição adequada utilizando tampão fosfato (0,010 M; pH 7,4) suplementado com 0,02% de azida de sódio (NaN). Estas soluções foram armazenadas em alíquotas a -20°C até à sua utilização.

PARTE 4: DESENVOLVIMENTO DO SISTEMA DE RADIOIMUNOENSAIO PARA A PROGESTERONA

Tal como acontece com a maioria das pequenas moléculas, o radioimunoensaio da progesterona é geralmente efectuado utilizando o chamado método de "competição" ou "indireto". O princípio deste método consiste em colocar o antigénio a ser avaliado (analito) em competição com o antigénio marcado (marcador) numa quantidade bem definida. As concentrações do anticorpo e do antigénio marcado são fixas. Quanto maior for a concentração do antigénio a ser medido, menor será a quantidade de antigénio marcado fixado. A curva de calibração resultante diminui então (Figura 29).

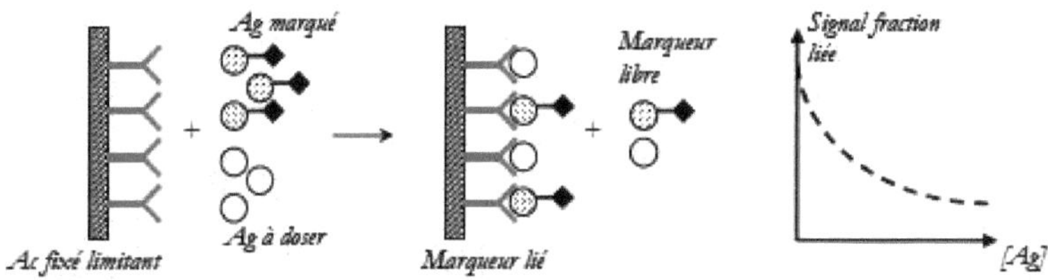

Figura 29: ***Diagrama que descreve o princípio de um imunoensaio competitivo***
Ac: anticorpo; Ag: antigénio

O desenvolvimento de um tal sistema de radioimunoensaio (por competição) é classicamente efectuado em duas fases (Neuburger, 2006):

- Em primeiro lugar, é efectuada uma gama de diluição do anticorpo adsorvido na presença do marcador, a fim de escolher a concentração correcta de anticorpo para o ensaio. Esta concentração deve gerar um sinal suficiente para efetuar o ensaio, sendo ao mesmo tempo limitante para favorecer a concorrência da substância a analisar.

- É então efectuada uma curva de calibração na presença da substância a analisar em diferentes concentrações e do anticorpo na concentração escolhida. As concentrações das amostras a avaliar são então estimadas em relação a esta curva de calibração.

Estas diferentes etapas serão abordadas, em maior ou menor grau, nesta parte do nosso trabalho, na qual descrevemos mais especificamente o desenvolvimento de um sistema de radioimunoensaio para a progesterona específico para caprinos. Este sistema, desenvolvido localmente, é um ensaio de formato heterogéneo baseado na utilização de um traçador marcado com iodo-125 responsável pelo aparecimento de um sinal quantificável.

I - PREPARAÇÃO DE TUBOS REVESTIDOS COM ANTICORPOS ANTI-PROGESTERONA

1. *Revestimento*

Este processo envolve a ligação de proteínas activas (anticorpos ou outros tipos) a suportes sólidos. Este processo tem sido constantemente utilizado pelos laboratórios de diagnóstico biológico para desenvolver técnicas de imunoensaio (Couturier *et al.*, 1986). Foram propostos vários suportes sólidos para este efeito (poliestireno, nylon, celulose, sepharose, poliacrilamida). O poliestireno é o mais popular destes suportes.

Os anticorpos podem ser ligados ao suporte sólido de várias formas:

- *Adsorção física:* ocorre pelo simples contacto dos anticorpos numa solução tampão com o suporte sólido. O fenómeno físico que rege esta adsorção não é bem conhecido e o enxerto de anticorpos é efectuado de uma forma bastante empírica.

- *Ligação covalente :* A ligação é geralmente obtida utilizando um reagente bifuncional (glutaraldeído, etc.). $_2$Este reagente é capaz de se ligar especificamente aos grupos funcionais (COOH, NH ...) dos anticorpos, por um lado, e ao suporte sólido, por outro.

- *Acoplamento de anticorpos a uma proteína previamente fixada:* Dependendo do peso molecular do anticorpo, a ligação pode ser efectuada com ou sem a intervenção de um braço de ligação. O objetivo é afastar o anticorpo da parede de suporte para evitar obstáculos estéricos e preservar os locais de ligação do anticorpo.

No nosso caso, e com o objetivo de preparar tubos revestidos com anticorpos policlonais anti-progesterona (IgG ou IgY), optámos pela adsorção física como método de fixação. A nossa escolha é justificada pela simplicidade desta técnica muito difundida, que há muito é descrita como um método de fixação suave e eficaz.

2. Materiais necessários

Reagentes	*Equipamento especial*

- 242NaH PO - 2H O
- 242Na HPO - 2H O
- 3Azida de sódio (NaN)
- Tris-HCl
- Ácido cítrico
- Citrato de sódio
- Caseína
- Sacarose
- Água destilada
- Anticorpos anti-progesterona (IgG ou IgY)
- Marcadores radioactivos de progesterona

- Tubos (MaxiSorp, Nunc)
- Equilíbrio
- Medidor de pH
- Sistema de aspiração
- Liofilização
- Leitor ELISA

3. Protocolo experimental

- 2422423A partir da solução-mãe de cada anticorpo anti-progesterona, produzida e purificada conforme descrito anteriormente (Parte 1, Estudo experimental), preparámos uma série de 5 diluições em cascata 1:10 em tampão A (tampão de adsorção) com a seguinte composição: 0,315 g/l NaH PO - 2H O; 1,2 g/l Na HPO - 2H O e 0,5 g/l NaN (pH 7,4).

- Incubar 200 µl de cada diluição durante 24 h à temperatura ambiente num tubo. Os tubos (MaxiSorp, Nunc) são os mais frequentemente utilizados, permitindo o processamento simultâneo de um grande número de amostras.

- 3As soluções contidas nos tubos foram em seguida retiradas por aspiração e substituídas por 300 µl/tubo de tampão B (tampão de bloqueio), constituído do seguinte modo: 6 g/l de Tris-HCl; 3,2 g/l de ácido cítrico; 10 g/l de citrato de sódio; 1 g/l de NaN; 10 g/l de caseína e 50 g/l de sacarose (pH 7,4). Os tubos foram então incubados durante 24 horas à temperatura ambiente.

- Os tubos assim revestidos com anticorpos anti-progesterona em diferentes concentrações foram aspirados e depois secos durante 30 minutos a 37°C sob vácuo num liofilizador.

- A revelação pode então ser efectuada utilizando o marcador radioativo de progesterona (preparado localmente) a uma taxa de 200 µl/tubo, seguindo o protocolo de revelação habitual. O objetivo é determinar, para cada anticorpo anti-progesterona, a diluição que gerará um sinal suficiente para realizar o ensaio, sendo ao mesmo tempo limitante para favorecer a competição (B0/T ~ 50%).

4. Resultado

Para cada diluição, os resultados obtidos em termos de contagens por minuto (B = CPM) são convertidos em percentagens de ligação em relação à atividade total registada pelo marcador radioativo (B0/T). Os valores obtidos são apresentados no quadro 17.

Tabela 17: ***Percentagens de ligação (B0/T) em diferentes diluições de anticorpos anti-progesterona policlonal (IgG e IgY)***

	Diluição do anticorpo				
	1/100	***1/1000***	***1/10000***	***1/100000***	***1/1000000***
IgG anti-progesterona	99,87	47,38	15,01	2,45	0,14
IgY anti-progesterona	99,25	46,76	12,91	3,00	0,00

Estes resultados mostram que, para os dois anticorpos anti-progesterona (IgG e IgY) utilizados para preparar os tubos revestidos, a diluição adequada para utilização num sistema de radioimunoensaio competitivo é de 1/1000. Esta diluição deu-nos uma percentagem total de ligação (B0/T) entre 40 e 50% (Quadro 16).

De agora em diante, todos os tubos revestidos com anticorpos anti-progesterona, a utilizar no nosso sistema de radioimunoensaio para a progesterona, serão preparados (por *revestimento*) a partir de diluições de 1/1000 destes anticorpos.

II - INSTALAÇÃO DO SISTEMA DE RADIOIMUNOENSAIO DA PROGESTERONA

Após vários ensaios preliminares, optámos pela configuração em "formato heterólogo" para o nosso radioimunoensaio da progesterona. Esta escolha é apoiada pelos numerosos argumentos citados na literatura a favor deste tipo de configuração para ensaios de esteróides (Mitsuma *et al.*, 1987; Basu *et al.*, 2006). Por conseguinte, os anticorpos anti-progesterona utilizados no nosso ensaio são os produzidos contra o imunogénio conjugado com a posição 11 da progesterona (P11α-HS - BSA), enquanto o marcador radioativo utilizado é o conjugado com a posição 3 da progesterona (P3-CMO - I125).

1. Componentes do sistema de radioimunoensaio da progesterona

Os vários componentes do nosso sistema de radioimunoensaio, desenvolvido localmente para medir a progesterona em cabras, estão agora prontos para serem utilizados em ensaios de controlo e validação (Figura 30).

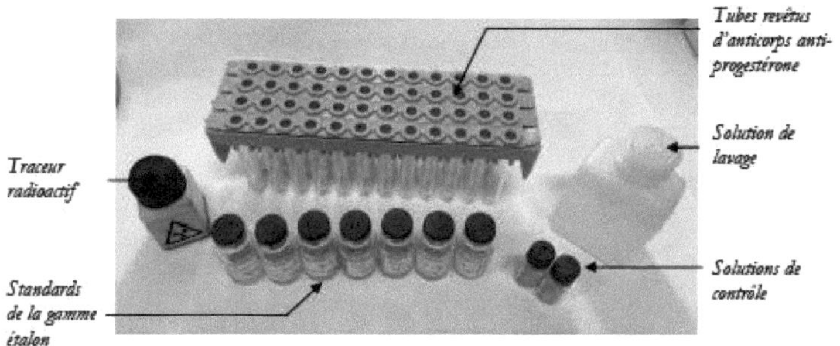

Figura 30: *Componentes do kit de radioimunoensaio da progesterona específico para caprinos desenvolvido a nível local*

2. Determinação da progesterona e estabelecimento da curva de calibração

2-1. Protocolo experimental

De cada padrão da gama de padrões locais de progesterona, são adicionados 50 µl a um tubo revestido com anticorpo anti-progesterona. Em seguida, adicionam-se a cada tubo 200 µl da solução que contém o marcador radioativo de progesterona na concentração adequada.

Após incubação durante 3 h à temperatura ambiente com agitação a 100 rpm, os tubos foram aspirados e depois lavados com uma solução de lavagem constituída por : 20 mM Tris-HCl; 150 mM NaCl; 0,05% (v/v) tween 20 (pH 7,5). Esta operação é repetida duas vezes para remover completamente o marcador não ligado. As leituras são efectuadas imediatamente a seguir, utilizando um contador gama RIA-STAR.

2-2. Resultados

Os resultados obtidos, em termos de batimentos por minuto (B = CPM), são depois convertidos em percentagens de ligação relativamente à atividade enzimática máxima registada na ausência de progesterona livre (B/B0). Os valores obtidos são apresentados no quadro 18.

Quadro 18: *Percentagem de ligação (B/B0) correspondente a cada norma da nossa gama padrão de progesterona local*

Medições efectuadas com o nosso próprio sistema de imunoensaio enzimático de progesterona

Padrão	[Progesterona]. (ng/ml)	CPM	xB/B0 100 (%)

S_0	0, 000	1815	100
S_1	0, 374	1606	88, 48
S_2	0, 874	1351	74, 43
S_3	1, 829	1029	56, 69
S_4	5, 687	0523	28, 81
S_5	15, 14	0232	12, 78
S_6	29, 66	0115	6, 33

Ao traçar a percentagem de ligação (B/B0 × 100) calculada para cada padrão em relação ao logaritmo da concentração de progesterona correspondente, obtém-se a representação clássica da curva de calibração do nosso sistema de radioimunoensaio da progesterona (figura 31 A). Também é possível estabelecer outra representação desta curva de calibração. Esta representação, conhecida como "Logit-Log", consiste em traçar "Log (B/B0-B) = f (Log [Progesterona])". A curva de calibração resultante é uma linha reta, a partir da qual é mais fácil extrapolar (figura 31 B).

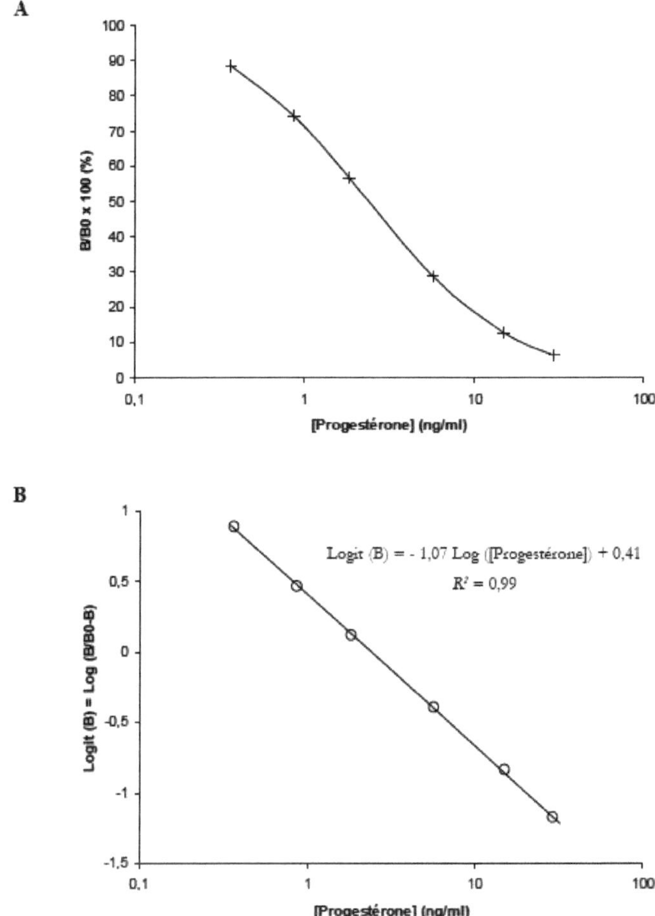

Figura 31: ***Representações clássica (A) e linear (B) da curva de calibração do sistema de radioimunoensaio para a progesterona desenvolvido localmente.***

Nas representações convencional e linear (Figura 31 A e B), a curva de calibração do nosso sistema de radioimunoensaio para a progesterona desenvolvido localmente apresenta um perfil consistente com uma elevada proporcionalidade entre a concentração de progesterona e o sinal registado pelo leitor ELISA após a revelação. A linha de regressão resultante (Figura 31 B) apresenta um coeficiente de correlação de 0,99.

Este resultado confirma a conformidade e a elevada qualidade do sistema de radioimunoensaio para a progesterona, que desenvolvemos no nosso laboratório para medir esta hormona em caprinos. Estão atualmente em curso estudos para validar os aspectos metodológicos e estatísticos deste sistema de ensaio.

Tencionamos igualmente efetuar outros tipos de montagem com outros compostos preparados localmente, a fim de os comparar e escolher o par "anticorpo - marcador" mais adequado para o radioimunoensaio da progesterona.

CONCLUSÃO

No plano socioeconómico, os caprinos contribuem eficazmente para a geração de rendimentos e para a satisfação das necessidades de leite e de carne de uma grande parte da população rural marroquina, na maior parte das zonas remotas e/ou isoladas do Reino (Fares e Ghalim, 1982; Jout e Karimi, 2004). Conscientes deste interesse vital, os poderes públicos criaram um programa de desenvolvimento da caprinicultura com o objetivo, entre outros, de melhorar o potencial de produção dos rebanhos. Para atingir este objetivo, é indispensável um melhor controlo da reprodução.

Entre os métodos biotecnológicos que podem ser explorados a este respeito, encontra-se a medição das hormonas reprodutivas e, em particular, da progesterona. A estimativa dos níveis de progesterona no plasma ou no soro periférico é uma ferramenta experimental relevante, amplamente utilizada em todo o mundo para determinar o estado fisiológico das fêmeas numa exploração.

É aqui que reside todo o interesse do presente estudo, cujo principal objetivo é desenvolver um sistema de radioimunoensaio para a progesterona, tendo em vista a sua aplicação no maneio da reprodução caprina. O objetivo deste projeto é o de fornecer aos criadores e aos técnicos de pecuária uma ferramenta preciosa que lhes permita melhorar e organizar melhor o maneio dos seus rebanhos.

Para desenvolver este sistema de imunoensaio de progesterona, propusemo-nos inicialmente produzir localmente anticorpos policlonais anti-progesterona altamente específicos. Este objetivo foi possível graças à utilização de certas técnicas de acoplamento químico que nos permitiram preparar os imunogénios necessários. Estes foram obtidos por enxerto de progesterona numa proteína transportadora (BSA) em determinadas posições do núcleo esteroide da hormona.

Como a progesterona é uma molécula que não se presta diretamente a este tipo de reação, fomos obrigados a sintetizar dois dos seus derivados carboxil-funcionais susceptíveis de se ligarem mais facilmente à proteína transportadora. Trata-se do 11α-hemisuccinato de progesterona (P11α-HS) e da 3-(O-caroboximetil) oxima de progesterona (P3-CMO). Os rendimentos sintéticos destes dois compostos foram estimados em 70% e 74%, respetivamente. [1]Um estudo estrutural completo, utilizando técnicas de química analítica padrão (TLC, espetrometria de infravermelhos, RMN H, espetrometria de massa), permitiu-nos caraterizar estes dois derivados sintetizados localmente.

O acoplamento destes derivados (P11α-HS e P3-CMO) à BSA foi então efectuado segundo o método "éster-ativado", que consiste em preparar um derivado éster-ativado do esteroide a partir do derivado carboxil-funcional e, em seguida, acoplar este derivado éster-ativado à proteína. Desta forma, foi possível preparar dois imunogénios de progesterona, conjugados numa das duas posições mais recomendadas do núcleo do esteroide (3 e 11). Os rendimentos de acoplamento destes dois imunogénios foram superiores a 20 moléculas de progesterona por molécula de BSA, estimados por análise espectrofotométrica e confirmados por análise electroforética. Podemos, portanto, afirmar que os dois derivados de progesterona sintetizados localmente (P11α-HS e P3-CMO), para além da sua suscetibilidade de serem envolvidos em reacções de acoplamento químico, oferecem também a possibilidade de orientar estas reacções, permitindo assim a preparação de imunogénios mais adequados.

Graças a estes imunogénios, conseguimos produzir dois tipos de anticorpos policlonais anti-progesterona (IgG e IgY) com afinidades e especificidades muito elevadas em duas espécies animais diferentes (coelho e galinha), que são condições necessárias para o desenvolvimento de um bom sistema de imunoensaio. Estes anticorpos policlonais, produzidos localmente, foram purificados utilizando várias técnicas de separação bioquímica (precipitação fraccionada de sais, cromatografia, etc.).

Para preparar os marcadores radioactivos de progesterona necessários para desenvolver o nosso sistema de ensaio, marcámos com iodo-125 os derivados carboxílicos de progesterona sintetizados localmente. O protocolo de marcação utilizado foi o da cloramina T. Os marcadores radioactivos assim obtidos, conjugados a uma das duas posições mais recomendadas do núcleo do esteroide (3 e 11), podem então ser utilizados, juntamente com anticorpos anti-progesterona produzidos localmente, para criar diferentes tipos de sistemas de radioimunoensaio para a progesterona (homólogos ou heterólogos).

Uma vez que qualquer procedimento de imunoensaio específico se baseia num sistema de referência adequado, foi essencial para nós considerar a preparação da nossa própria gama padrão de progesterona localmente. Para o efeito, optámos por utilizar soro de cabra empobrecido como matriz de ensaio, a fim de reproduzir melhor as condições em que o nosso sistema de ensaio seria utilizado. Esta matriz foi sobrecarregada com progesterona cristalina pura em concentrações bem definidas, a fim de preparar os diferentes padrões que constituem a nossa gama de padrões. Uma vez preparado, o padrão local de progesterona foi validado estatisticamente de acordo com as normas internacionais (Caporal-Gautier *et al.*, 1992; Albrecht *et al.*, 2004) utilizando vários critérios de validação.

Os diferentes componentes do nosso sistema de imunoensaio enzimático, desenvolvido localmente para o ensaio da progesterona em cabras (anticorpos anti-progesterona, marcador radioativo e gama padrão), foram então utilizados num dispositivo em formato heterólogo para a realização dos ensaios. A calibração da solução contendo o marcador radioativo e o ajustamento da concentração dos anticorpos anti-progesterona utilizados para preparar os tubos revestidos foram essenciais para reproduzir as condições de competição. Todos os resultados obtidos foram considerados analiticamente satisfatórios, o que nos permite concluir que o kit RIA, produzido localmente para a determinação da progesterona em caprinos, possui todas as qualidades que se podem esperar de um bom kit de radioimunoensaio.

Estes resultados encorajadores levaram-nos a iniciar o processo de validação metodológica do nosso sistema de ensaio, a fim de avaliar melhor os seus diferentes desempenhos analíticos (limite de deteção, especificidade, precisão, exatidão). A validação clínica por especialistas em caprinicultura completará então as últimas etapas necessárias para qualificar o nosso ensaio.

Com o mesmo objetivo, estamos a planear a curto prazo a preparação de marcadores enzimáticos para a progesterona, que serão utilizados para desenvolver um sistema de imunoensaio enzimático para esta hormona. Este sistema constituirá assim uma alternativa de eleição ao sistema de radioimunoensaio já desenvolvido.

O desenvolvimento de outros sistemas de imunoensaio, que fazem parte do quadro estratégico global delineado por este projeto, está também previsto a longo prazo. Estes incluem imunoensaios para testosterona, LH e PAG. Juntamente com a progesterona, estes ensaios são excelentes ferramentas que podem ser utilizadas para estudar os mecanismos da fisiologia reprodutiva caprina, fornecendo a base para uma melhor organização do maneio reprodutivo.

REFERENCIAS

Agasan A.L., Stewart B.J. & Watson T.G. (1994). Desenvolvimento de um método de radioimunoensaio para o etinilestradiol no plasma utilizando um anticorpo monoclonal. *J. Immunol. Methods,* vol. **177**, p. 251-260.

Albrecht B., Balsiger C., Bogli R., Buxtorf U.P., Buhler F., Emch H., Jacob A., Gremaud G., Hubner P., Luginbuhl W., Roos P., Schurter M., Spack I., Wenk P. & Wolfensberger M. (2004). Guia para a validação de métodos de ensaio físico-químicos e avaliação da incerteza de medição. *Swiss Food Manual*, p. 1-27.

Allen R.M. & Redshaw M.B. (1978). ^{125}A utilização de radioligandos I homólogos e heterólogos no radioimunoensaio da progesterona. *Steroids*, vol. **32**, p. 467-486.

Argemi B. (1998). Indicações para os ensaios de hormonas esteróides. *Revue de l'ACOMEN*, vol. **4** (3), p. 225-231.

Bacigalupo M.A., Ferrara L., Meroni G. & Ius A. (1987). Fluoroimunoensaio de progesterona com resolução temporal através da proteína-A marcada com Eu. *Fresenius Z. Anal. Chem.* vol. **328**, p. 263-264.

Baril G., Brebion P. & Chesné P. (1993). Manual prático de formação para o transplante de embriões em ovelhas e cabras. *FAO "Animal Production and Health"*, Roma, Itália, 115 p.

Barkley M.S., Lasley B.L., Thompson M.A. & Shackleton C.H. (1985). Equol: um contribuinte para medições enigmáticas de estrogénio por imunoensaio. *Steroids*, vol. **46**, p. 587-608.

Basu A., Shrivastav T.G. & Kariya K.P. (2003). Preparações de conjugados enzimáticos através de dihidrazida de ácido adípico como ligante e sua utilização em imunoensaios. *Clin. Chem.* vol. **49**, p. 1410-1412.

Basu A., Shrivastav T.G. & Maitra S.K. (2006). Um imunoensaio enzimático heterólogo de antigénio direto para medir a progesterona no soro sem utilizar um deslocador. *Steroids*, vol. **71**, p. 222-230.

Baulieu E.E. (1992). Mecanismo de ação das hormonas esteróides e anti-hormonas. Uma mini-revisão de 1991. *C. R. Acad. Sci. III,* vol. **314**, p. 23-26

Benlakhal A. (2004). Introdução. In: Chriqi A. (Ed). *Elevage caprin : Quelle stratégie de développement. 7 ème édition de la foire caprine de Chefchaouen.* Chefchaouen, Marrocos, p. 11-12.

Billings H.J. & Katz L.S. (1997). Facilitação da progesterona e inibição do comportamento sexual induzido pelo estradiol na cabra. *Hormones and Behaviour*, vol. **31**, p. 47-53.

Billings H.J. & Katz L.S. (1998). Dose limite de estradiol para induzir a recetividade sexual em cabras alpinas francesas ovariectomizadas. *Appl. Anim. Behav. Sci.* vol. **57**, p. 109-115.

Brice G. (2003). Le désaisonnement lumineux en production caprine. Publicado pelo Institut de l'Elevage em outubro de 2003, Paris, França, 40 p.

Brossier P., Jaouen G., Limoges B., Salmain M., Vessieres-Jaouen A. & Yvert J.P. (2001). Contribuição dos imunoensaios múltiplos simultâneos para a biologia. *Ann. Biol. Clin (Paris)*, vol. **59** (6), p. 677-691.

Caporal-Gautier J., Nivet J.M., Algranti P., Guilloteau M., Histe M., Lallier M., N'Guyen-Huu J.J. & Russotto R. (1992). Guide de validation analytique. *Rapport d'une commission SFSTP (I/ Méthodologie & II/ Exemples d'application), STP PharmaPratiques*, vol **4**, p. 205-226.

Catt K., Niall H.D. & Tregear G.W. (1967). Solid phase radioimmunoassay. *Nature*, vol. **213** (78), p. 825-827.

EEC III/844/87-EN. (1989). Nota explicativa final

Champigny G., Voilley N., Lingueglia E., Friend V., Barbry P. & Lazdunski M. (1994). $^{+}$Regulação da expressão do canal de Na sensível à amilorida do pulmão por hormonas esteróides. *EMBO J.*, vol. **13**, p. 2177-81

Chandrasekhar T. & Madan M.L. (1996). Imunização ativa contra a estrona em cabras e seus efeitos sobre as hormonas do ovário e a ciclicidade. *Indian J. Anim. Sci.* vol. **66**, pp. 990-993.

Chemineau P., Gauthier D., Poirier J.C. & Saumande J. (1982). Plasma levels of LH, FSH, prolactin, oestradiol-17 beta and progesterone during natural and induced oestrus in the dairy goat. *Theriogenology*, vol. **17**, p. 313-323.

Chemineau P., Malpaux B., Guérin Y., Maurice F., Daveau A. & Pelletier J. (1992). Luz e melatonina no controlo da reprodução em ovinos e caprinos. *Ann. Zootech.* vol. **41**, 247-261.

Chentouf M. (2007). Fisiologia reprodutiva e produtividade da cabra do norte de Marrocos. Tese de doutoramento em Ciências Veterinárias. *Faculté des Sciences, Université Notre-Dame de la Paix*, Namur, Bélgica, 161 p.

Chentouf M., Ayadi M. & Boulanaouar B. (2004). Typologie des élevages caprins dans la province de Chefchaouen : Fonctionnement actuel et perspectives. *Options Méditerranéennes*, vol. **61**, p. 255-261.

Christofidis I., Noikokyri-Kouvalaki E., Mastichiadis C., Petrou P.S. & Kakabakos S.E. (2006). Desenvolvimento de um sistema de radioimunoensaio para a determinação de progesterona no leite de vaca. In: Actas de uma reunião final de coordenação da investigação realizada em Viena, 6-10 de dezembro de 2004 "*Development of radioimmunometric assays and kits for non-clinical applications*", IAEA-TECDOC-1498, p. 49-65.

Cousino M.A., Jarbawi T.B., Halsall H.B. & Heineman W.R. (1997). Reduzir os limites de deteção: agulhas moleculares num palheiro. *Anal. Chem.* **69** (17), p. 544A-549A.

Couturier R., Ville A., Perrin B. & Favre-Bonvin G. (1986). Fixação de anticorpos por ligações covalentes em poliestireno. Ativação do suporte e utilização repetida do sistema de anticorpos de poliestireno após imunoensaio enzimático. *Química e Física Macromolecular*, vol. **187** (7), p. 1603-1610.

Creminon C., Dery O., Frobert Y., Couraud J.Y., Pradelles P. & Grassi J. (1995). Ensaio imunométrico em dois locais para a substância P com sensibilidade e especificidade aumentadas. *Anal. Chem,* vol. **67** (9), p. 1617-1622.

Darwati S., Ariyanto A., Yunita F., Mondrida G., Triningsih A., Setyowati S., Sutari A., Sovilawati E. & Martalena A. (2006). Desenvolvimento de kits de radioimunoensaio para aplicações não clínicas: produção local de reagentes primários para progesterona do leite. In: Actas de uma reunião final de coordenação da investigação realizada em Viena, de 6 a 10 de dezembro de 2004 "*Development of radioimmunometric assays and kits for non-clinical applications*", IAEA-TECDOC-1498, p. 49-65.

Dmitriev D.A., Massino Y.S. & Segal O.L. (2003). Análise cinética das interacções entre anticorpos monoclonais biespecíficos e antigénios imobilizados utilizando um biossensor de espelho ressonante. *J. Immunol. Methods*, vol. **280** (1-2), p. 183-202.

Dutruc-Rosset G. (1999). Protocolo de validação de um método analítico convencional em relação ao método de referência O.I.V.

Edelman G.M., Cunningham B.A., Gall W.E., Gottlieb P.D., Rutishauser U. & Waxdal M.J. (1969). A estrutura covalente de uma molécula inteira de imunoglobulina gama G. *Proc. Natl. Acad. Sci. U. S. A*, vol. **63** (1), p. 78-85.

Ekins R.P. (1993). Novas perspectivas em radioimunoensaio. *Nucl. Med. Commun.* vol. **14** (9), p. 721-735.

El Amiri B., Karen A., Cognie Y., Sousa N.M., Hornick J.L., Szenci O. & Beckers J.F. (2003). Diagnóstico e monitorização da gestação em ovelhas: realidades e perspectivas. *INRA Prod. Anim*, vol. **16** (2), p. 79-90.

El Fadil H. (1994). Desempenho leiteiro da cabra local: Estudo quantitativo e qualitativo. *Tese de doutoramento em Medicina Veterinária.* IAV Hassan II, Rabat, Marrocos.

Engvall E. & Perlman P. (1971) Enzyme-linked immunosorbent assay (ELISA). Ensaio quantitativo da imunoglobulina G. *Immunochemistry*, vol. **8** (9), p. 871-874.

Erlanger B.R., Borek F., Beiser S.M. & Lieberman S. (1958). Conjugados esteroide-proteína, II - Preparação e caraterização de conjugados de albumina de soro bovino com progesterona, desoxicorticosterona e estrona. *The Journal of Biological Chemistry*, vol. **234**, p. 1090-1094.

Fabre H. (1999). Validação de métodos de eletroforese capilar aplicados à análise de compostos farmacêuticos. *Analusis*, vol. **27**, p. 155-160.

Fabre-Nys C. (2000). Comportamento sexual dos caprinos: controlo hormonal e factores sociais. *INRA Prod. Anim*, vol. **13** (1), p. 11-23.

Fabre-Nys C., Martin G.B. & Venier G. (1993). Análise do controlo hormonal do comportamento sexual feminino e do pico pré-ovulatório de LH na ovelha: Papel da quantidade de estradiol e da duração da sua presença. *Hormones and Behaviour*, vol. **27**, p. 108-121.

Fares A. & Ghalim A. (1982). Criação de caprinos no Haut Loukkos: sistema de produção e perspectivas de desenvolvimento. [ème]*Mémoire de 3 cycle en Agronomie*, Ecole Nationale d'Agriculture de Meknès. Meknès. Marrocos.

Fivash M., Towler E.M. & Fisher R.J. (1998). Biacore para interação macromolecular. *Curr. Opin. Biotechnol*, vol. **9** (1), p. 97-101.

Freitas V.J.F., Baril G., Martin G.B. & Saumande J. (1997). Limites fisiológicos para a melhoria da eficiência da sincronização do estro em cabras. *Reprod. Fert. Develop*, vol. **9**, p. 551-556.

Gonzalez S.C., Corteel J.M. & Baril G. (1992). Cinetica de la progesterona plasmatica durante el celo natura e iducido por tratamientos hormonales en cabras lecheras. *Revistica cientifica, FCV de LUZ*, vol. **II** (1), p. 12-21.

Gordon I. (1997). Controlled reproduction in sheep and goats (Reprodução controlada em ovinos e caprinos). *CAB International publ*, Reino Unido.

Hachi A. (1990). La chèvre D'man : Contribution à l'étude des caractéristiques de reproduction. *Tese de doutoramento em Medicina Veterinária*. IAV Hassan II, Rabat, Marrocos.

Harma H., Soukka T., Lonnberg S., Paukkunen J., Tarkkinen P. & Lovgren T. (2000) Sensibilidade de deteção do antigénio específico da próstata com zeptomole num ensaio rápido em placa de microtítulo utilizando fluorescência resolvida no tempo. *Luminescence*, vol. **15** (6), p. 351-355.

Hassani H. (1997). Impacto da elevação das populações sobre os recursos naturais no Rif Ocidental: Caso da comunidade rural de Béni Idder. [ème]*Mémoire de 3 cycle en Agronomie*, Ecole Nationale d'Agriculture de Meknès, Meknès, Maroc.

Homeida A.M. & Cooke R.G. (1984). Concentrações plasmáticas de testosterona e 5 alfa-dihidrotestosterona em torno da luteólise em cabras e seus efeitos comportamentais após ovariectomia. *J. Steroid Biochem*, vol. **20**, p. 1357-1359.

Horie H., Kidowaki T., Koyama Y., Endo T., Homma K., Kambegawa A. & Aoki N. (2007). Avaliação da especificidade de kits de imunoensaio para a determinação das concentrações de cortisol livre na urina. *Clin. Chim. Ata*. vol. **378** (1-2), p. 66-70.

Janin J. (1995). Principles of protein-protein recognition from structure to thermodynamics (Princípios de reconhecimento proteína-proteína da estrutura à termodinâmica). *Biochimie*, vol. **77** (7-8), p. 497-505.

Janoski A.H., Shulman F.C. & Wright G.E. (1973). Formação selectiva de 3-(O-carboximetil) oxima em 3,20-dionas esteróides para imunoespecificidade do hapteno. *Steroids*, vol. **23**, p. 49-64.

Jardy A. & Vial J. (1999). A importância dos métodos estatísticos no controlo da qualidade das análises. *Analusis*, vol. **27**, p. 511-522.

Jout J. & Karimi A. (2004). Situação atual e problemas do desenvolvimento de cabras na zona norte. In Chriqi A. (Ed). *Elevage caprin : Quelle stratégie de développement.* 7 [ème]*édition de la foire caprine de Chefchaouen. Chefchaouen, Marrocos*, pp. 13-20.

Kamoun P. (1997). Aparelhos e métodos em bioquímica e biologia molecular. *Médecine - Science, Edition Flammarion*, Paris, França, 432 p.

Kaplan D.H. & Katz L.S. (1994). Exposure to constant photoperiod alters serum prolactin concentrations and behavioural response to estradiol in the ovariectomized goat. J. *Anim. Sci.* **72**, pp. 3088-3097.

Karush F. (1958). Especificidade dos anticorpos. *Trans. N. Y. Acad. Sci.* vol. **20** (7), p. 581-592.

Köhler G. & Milstein C. (1975). Culturas contínuas de células fundidas que segregam anticorpos de especificidade predefinida. *Nature*, vol. **256** (5517), p. 495-497.

Kothari K, Lal R. & Pillai M. R. A. (1995). Desenvolvimento de um radioimunoensaio direto para a progesterona sérica. *Journal of Radioanalytical and Nuclear Chemistry*, vol. **196**, p. 331-338.

Kothari K. & Pillai M.R.A. (1998). Radioimunoensaio direto da progesterona sérica utilizando um marcador de ponte heterólogo e um anticorpo. *Journal of Radioanlytical and Nuclear Chemistry*, vol. **231**, p. 77-82.

Lemon M. & Thimonier J. (1973). Evolução da progesterona plasmática durante o ciclo e a gestação em ruminantes. In: Denamur R. & Netter A. (Eds), *Colloque Société Nationale pour l'Etude de la Stérilité et de la Fécondation : " corps jaune "*, p. 51-68, Masson, Paris.

Ling C.M. & Overby L.R. (1972). Prevalência do antigénio do vírus da hepatite B revelada por ensaio radioimune direto com 125 I-anticorpo. *J. Immunol.* vol. **109** (4), p. 834-841.

Lupi-Chen N., Hoang B.M. & Cailla H. (1999). Immunoassays for steroids: testosterone, progesterone and cortisol in animals. *Immuno analyse & biologie spécialisée*, vol. **14** (4), p. 269-275.

MADRPM (2004). Situation de l'agriculture Marocaine. *Ministère de l'Agriculture, du Développement Rural et de la Pêche Maritime*, Rabat, Marrocos, 104 p.

MAPM (2008). Situation de l'élevage au Maroc. *Ministério da Agricultura e da Pesca Marítima*, Rabat, Marrocos.

Mercier-Bodard C., Alfsen A. & Baulieu E.E. (1970). Proteína plasmática de ligação a esteróides sexuais (SBP). *Ata Endocrinol suppl.* vol. **147**, p. 204-224.

Mickelson K.E., Forsthoefel J. & Westphal U. (1981). Steroid-protein interactions. Human corticosteroid binding globulin: some physicochemical properties and binding specificity. *Biochemistry,* vol. **20**, p. 6211-6218.

Miles L.E. & Hales C.N. (1968). Immunoradiometric assay of human growth hormone. *Lancet*, vol. **2** (7566), p. 492-493.

Mitsuma M., Kambegawa A., Okinaga S. & Arai K. (1987). Um imunoensaio enzimático heterólogo de ponte sensível de progesterona utilizando isómeros geométricos. *J. Steroid Biochem*, vol. **28**, p. 83-88.

Mori Y. & Kano Y. (1984). Alterações nas concentrações plasmáticas de LH, progesterona e estradiol em relação à ocorrência de luteólise, estro e momento da ovulação na cabra Shiba (Capra hircus). *J. Reprod. Fert,* vol. **72**, p. 223-230.

Moulin M. & Coquerel A. (2002). Pharmacologie. 2 ème *edição*, Masson, Paris, França, 592 p.

Neuberger L.M. (2006). Desenvolvimento de imunoensaios de fluorescência: Perspectivas para o desenvolvimento de um sensor de fluxo para agentes de ameaça. *Tese de doutoramento no Institut National Agronomique Paris-Grignon*, Paris, França, 336 p.

Niswender G.D. (1973). Influência do local de conjugação na especificidade dos anticorpos contra a progesetrona. *Steroids*, vol. **22**, p. 413-424.

O'Rorke A., Kane M.M., Golsing J.P., Tallon D.F. & Fottrell P.F. (1994). Desenvolvimento e validação de um imunoensaio enzimático com anticorpo monoclonal para medir a progesterona na saliva. *Clin. Chem.* vol. **40** (3), p. 454-458.

Okada M., Hamada T., Takeuchi Y. & Mori Y. (1996). Timing of proceptive and receptive behavior of female goats in relation to the preovulatory LH surge. *J. Vet. Med. Sci.* **58**, p. 1085-1089.

Okada M., Takeuchi Y. & Mori Y. (1998). Estradiol-dependência da manifestação do comportamento sexual no período pós-surto de LH em cabras ovariectomizadas. *J. Reprod. Develop.*, vol. **44**, p. 53-58.

Olivereau J.M. (1970). Complexo hipotálamo-hipofisário e regulação do metabolismo da água e dos electrólitos no rato albino submetido à influência de iões negativos do ar. *Z. Zellforsch. Mikrosk. Anat.* vol. **105** (3), p. 430-441.

Pelizzola D., Bombardieri E., Brocchi A., Cappelli G., Coli A., Federghini M. *et al.* (1995). Até que ponto são alternativos os sistemas de imunoensaio que utilizam etiquetas não radioisotópicas? Uma avaliação comparativa das suas principais características analíticas. *Q. J Nucl. Med.* vol. **39** (4), p. 251-263.

Pocock G. & Christopher D.R. (2004). Fisiologia Humana. Edition Masson, Paris, França.

Poljak R.J., Amzel L.M., Avey H.P., Chen B.L., Phizackerley R.P. & Saul F. (1973). Estrutura tridimensional do fragmento Fab' de uma imunoglobulina humana com resolução de 2,8-A. *Proc. Natl. Acad. Sci. U. S. A*, vol. **70** (12), p. 3305-3310.

Polson A., Von Wechmar M.B. & Van Regenmortel M.H.V. (1980). *Immunol. Commun.* vol. **9**, p. 475-493.

Porter R.R. (1967). A estrutura das imunoglobulinas. *Ensaios de bioquímica*, vol. **3**, p. 1-24.

Pradelles P., Grassi J., Creminon C., Boutten B. & Mamas S. (1994). Ensaio imunométrico de haptenos de baixo peso molecular contendo grupos amino primários. *Anal. Chem.* vol. **66**, p. 16-22.

Ruckebush Y., Phaneuf L.P. & Dunlop R. (1991). Physiology of small and large animals. Philadelphia, Hamilton, USA, 672 p.

Samuel G., Karir T., Kothari K., Joshi S., Sivaprasad N. & Venkatesh M. (2006). Desenvolvimento de um radioimunoensaio para a estimativa da progesterona no soro de bovino. In: Actas de uma reunião final de coordenação da investigação realizada em Viena, de 6 a 10 de dezembro de 2004 "*Development of radioimmunometric assays and kits for non-clinical applications*", IAEA-TECDOC-1498, pp. 49-65.

Sawada T., Takahara Y. & Mori J., (1995). Secreção de progesterona durante os dias longos e curtos do ciclo estral em cabras de reprodução contínua. *Theriogenology*, vol. **43**, p. 789-795.

Schultz E., Perraut F., Neuburger L.M. & Volland H. (2003). Estudo de um sistema de imunoensaio de fluorescência altamente sensível. *Conferência "Méthodes et Techniques optiques pour l'industrie" (Belfort, novembro de 2003).*

Simersky R., Swaczynova J., Morris D.A., Franek M. & Strnad M. (2007) Developpement of an ELISA-based kit for the on-farm determination of progesterone milk. *Veterinari Medicina*, vol. **52** (1), p. 19-28.

Simmer H.H. (1975). On the beginnings of hormonal contraception (tradução do autor). *Geburtshilfe Frauenheilkd*, vol. **35**, p. 688-696.

Sousa N.M., Gabrayo J.M., Figueiredo J.R., Sulon J., Gonçalvez P.B.D. & Beckers J.F. (1999). Perfis de glicoproteínas associadas à gestação e progesterona durante a gestação e pós-parto em cabras nativas do nordeste do Brasil. *Small Rum. Res.* vol. **32**, p. 137-147.

Sousa N.M., Gonzalez F., Karen A., El Amiri B., Sulon J., Baril G., Cognie Y., Szenci O. & Beckers J.F. (2004). Diagnóstico e monitorização da gestação em cabras e ovelhas. *Renc. Rech. Ruminants*, vol. **11**, p. 377-380.

Sutherland S.R. & Lindsay D.R. (1991). Ovariectomizado não requer preparação de progesterona para o comportamento de estro. *Reprod. Fert. Develop.* **3**, p. 679-684.

Thimonier J. (2000). Determinação do estado fisiológico das fêmeas através da análise dos níveis de progesterona. *INRA Prod. Anim*, vol. **13** (3), p. 177-183.

Valancia J., Zarco L., Ducoing A., Murcia D., Navarro H. (1990). Breeding season of Criollo and Granadina goats under constant nutritional level in the Mexican highlands, in *Proceedings of the Final Research Co-ordination Meeting*. Agência Internacional da Energia Atómica, Viena, p. 321-333.

Van Regenmortel M.H. (1994). In: *The Recognition of Proteins and Peptides by Antibodies*, p. 277-300.

Van Regenmortel M.H. (1998). Mimotopos, parátopos contínuos e complementaridade hidropática: novas aproximações na descrição da especificidade imunoquímica. *J. Dispersion Science and Technology*, vol. **19** (6&7), p. 1199-1219.

Vanroose G., de Kruif A. & Van Soom A. (2000). Mortalidade embrionária e interacções embrião-patógeno. *Animal Reproduction Science*, vol. 60-61, p. 131-143.

Volland H. (1999). *Application du procédé SPIE-IA au dosage du Leucotriène C4, de l'Angiotensine II et de l'Histamine*. Biologia Celular e Molecular, tese de doutoramento, Universidade Pierre e Marie Curie - Paris VI, 266 p.

Wide L., Bennich H. & Johansson S.G. (1967). Diagnosis of allergy by an in-vitro test for allergen antibodies. *Lancet*, vol. **2** (7526), p. 1105-1107.

Wudt S.A., Wachter U.A., Homoki J. & Teller W.M. (1995). 17 alfa-hidroxiprogesterona, 4-androstenediona e testosterona, perfilados por diluição isotópica estável de rotina/espetrometria de massa por cromatografia gasosa no plasma de crianças. *Pediatr. Res.* vol. **38**, p. 76-80.

Yalow R.S. & Berson S.A. (1960). Immunoassay of endogenous plasma insulin in man. *Journal of Clinical Investigation*, vol. **39**, p. 1157-1175.

Yatsimirskaya E. A., Gavrilova E.M., Egorov A.M. & Levashov A.Y. (1993). Preparação de conjugados de progesterona com albumina de soro bovino no meio micelar invertido. Steroids, vol. 58, p. 547-550.

Zerr-Fouineau M. (2006). Caracterização do efeito protrombótico dos progestagénios na parede vascular: papel do endotélio e influência dos estrogénios. Tese de doutoramento, Université Louis Pasteur de Strasbourg, Strasbourg, França, 197 p.

Zuber E. (1997) *Abordagem biométrica da dinâmica de reacções antigénicas-anticorpo, caso de dois sistemas automáticos de acompanhamento em tempo real de filmes*. Tese de doutoramento: Bioquímica, Université Claude Bernard Lyon I, França, 223 p.

Printed by Books on Demand GmbH, Norderstedt / Germany